U0242831

"十二五"国家重点图书出版规划项目

城市与区域空间研究前沿丛书

顾朝林　主编

城市创意空间

汤培源　著

东南大学出版社

SOUTHEAST UNIVERSITY PRESS

南京·2014

内容提要

　　本书通过对创意城市的内涵、构成要素、发展过程、空间载体以及评价指标体系进行系统研究,用定量分析与定性分析相结合进行初步探索创意城市的评价方法,并且聚焦于创意空间这个新兴概念,探讨如何通过创意空间的建设来增强城市创意和竞争力。最后,本书选择南京为实证研究对象,根据所建立的指标体系,对南京进行横向比较与纵向分析,并对南京创意空间建设进行初步研究。

　　本书可供从事创意城市研究、城市与区域规划、城市文化经济学等相关学科的学者、政府决策人员参考应用。

图书在版编目(CIP)数据

　　城市创意空间/汤培源著. —南京:东南大学出版社,2014.9
　　(城市与区域空间研究前沿丛书/顾朝林主编)
　　ISBN 978 - 7 - 5641 - 5181 - 2

　　Ⅰ.①城… Ⅱ.①汤… Ⅲ.①城市空间—空间规划
Ⅳ.①TU984.11

　　中国版本图书馆 CIP 数据核字(2014)第 205590 号

书　　名:城市创意空间
著　　者:汤培源
责任编辑:孙惠玉　徐步政　　　　　　编辑邮箱:894456253@qq.com
文字编辑:辛健彤
出版发行:东南大学出版社
社　　址:南京市四牌楼 2 号　　　　　　邮　　编:210096
网　　址:http://www. seupress.com
出 版 人:江建中

印　　刷:南京玉河印刷厂
排　　版:江苏凤凰制版有限公司
开　　本:700mm×1000mm　1/16　　印张:10.25　字数:173 千
版　　次:2014 年 9 月第 1 版　2014 年 9 月第 1 次印刷
书　　号:ISBN　978 - 7 - 5641 - 5181 - 2
定　　价:29.00 元

经　　销:全国各地新华书店
发行热线:025 - 83790519　83791830

总序

经过一年的精心策划和准备，呈现于读者面前的《城市与区域空间研究前沿丛书》是东南大学出版社推出的关于空间研究的系列新作，林林总总十多种，代表了当代中国学者关于城市与区域空间研究的前沿性、原创性和综述性的研究成果，内容覆盖城市与区域研究的方方面面。

21世纪我们的生活中最离不开什么——城市和区域。这主要在于：首先，气候变化、能源、生态、人口和环境等问题，这些我们曾在20世纪已经预见到的危机，现在一一变成现实，我们将如何面对危机并解决这些问题？无疑城市和区域这样的空间研究就变得越来越重要。其次，城市与区域空间是当代人类赖以生存的基本载体，也是人类社会竞争的主要场所。空间利用，一方面反映了不同地区人类社会的富裕程度和时空效率，另一方面也彰显了这些城市与区域的文明和价值取向。第三，中国城市和区域是当代变化最快的空间，测度和把握城市与区域发展，离不开城市与区域空间研究。

总之，可以说，在中国盛世巨变的浪潮中，《城市与区域空间研究前沿丛书》应国家发展而生，与城市和区域共成长，以中国研究特色立身，以研究创新选材，以独到空间见解立言，可以成为科学家、规划师和管理工作者共同关注的研究平台。

专此赘言，是为序。

前言

　　20 世纪末,世界的发展变化逐渐形成了一个政治多极化、经济全球化、文化多元化的格局。随着发达国家城市化水平的提升,发展中国家城市化的迅猛推进和经济全球化,城市的作用越来越大。如果说 20 世纪是城市快速崛起时期,那么 21 世纪将是一个崭新的城市世纪,城市已成为世界持续发展的动力源头。建设创意城市已经成为城市复兴、城市建设和城市可持续发展的新方向,而创意也成为城市最重要的特质之一。当创意产业产值、创意生产者比率不断上升时,城市的创意水平也在随之不断提高。什么是创意城市? 中国诸如北京、上海之类的大都市可否称之为创意城市? 创意城市正在被城市规划者、决策者和企业家作为城市经济振兴的有力手段。然而目前有关创意城市的理论研究尚不能满足实践的需要。因此,本书希望通过对现有知识体系的梳理,以及模型、方法的实证应用,对创意城市的内涵、构成要素、发展过程、空间载体以及评价指标体系进行系统研究,用定量分析与定性分析相结合进行初步探索创意城市的评价方法,并且聚焦于创意空间这个新兴概念,探讨如何通过创意空间的建设来增强城市创意和竞争力。本书最后以南京为研究对象展开实证研究,为理解评价方法和指标体系提供具体的根据。

　　本书共 8 章。第 1 章为绪论,主要讨论创意城市这一议题的研究背景与意义,以及研究思路,同时对国内外研究进展做了简要概括。第 2 章为创意城市基本理论,对创意、创意产业、创意经济、创意城市和创意空间等相关概念进行辨析,总结创意城市的主要特征、创意城市类型、发展过程、构成要素与形成策略。第 3 章从城市空间概念出发,通过对城市空间的理论研究、类型分类,以期明确什么是创意空间,以及创意空间的类型。第 4 章重点探讨创意城市的空间构建,在总结了几个代表性的国际创意城市建设实践的基础上,提出城市创意空间特征以及对创意空间的引导策略。第 5 章以创意城市指标体系构建为核心,首先对现有各种衡量创意能力、创意环境、创意活力等指标体系进行比较分析,进而结合上海创意城市指数,提出构建中国创意城市指标体系。第 6 章以南京为例进行实证研究,根据所建立的中国创意城市评价指标体系,对南京市进行横向比较与纵向分析,进而得出南京创意城市建设硬件基础设施(城市生态环境、公共服务设施条件等)已基本具备,约束发展是那些诸如市民缺乏创业进取精神之类的非经济领域等相关结论。第7章在南京创意城市建设的基础上聚焦创意空间建设,通过实证研究,对南京创意产业集聚区的区位选择、空间布局和形成动因进行分析,提出发展存在的问题和对策。第8章是结语与讨论,对全书的主要论点做了简要概括,对本书研究的不足做了简要思考。

本书在笔者学位论文基础上修改完成,由于作者水平有限,加之时间仓促,书中难免有诸多不妥,敬请读者批评指正。同时,书中可能出现的学术错误,也应归于笔者本人。

汤培源

2014 年 1 月于杭州

目录

1 绪论

　　创意产业,又被称为创意工业、创意经济,不同国家或地区对其内涵、概念的诠释或理解不一。目前,被广泛引用的创意产业定义是由英国创意产业负责小组 1998 年在《英国创意产业路径文件》中提出的,"源于个人创造力与技能及才华、通过知识产权的生成和取用、具有创造财富并增加就业潜力的产业"。本书中,我们将那些涉及创意产业的城市统称为创意城市,其核心特征应表现为创意产业在城市的生根与强盛,并且创意产业的生长能够与城市空间的发展变化紧密结合。创意城市不仅是当今全球的热点议题之一,也成为当今世界城市发展的一大趋势。

　　从我国情况看,经济全球化铸就了东南沿海地区的"世界工厂",但从制造业的发展看,表现为原料、技术和市场在外导致产品附加值不高,所以发展生产性服务业,尤其以产品设计为核心的创意产业显得越来越紧迫。在风靡全球的创意风潮影响下,中国许多城市也相继将发展创意经济和建设创意城市提上议事日程。据不完全统计,全国已有 30 多个城市先后提出了建设创意城市的设想。长三角地区是我国创意产业发展最为迅速的地区。至 2010 年底,上海经认定的文化园区 15 家,创意产业集聚区达 80 家;杭州已建成 4 个国家级创意产业基地、16 个文化创意产业园区;南京已有 40 多家创意产业园区和文化产业基地。

　　什么样的城市有利于创意产业的发展? 规划师如何规划和建设城市为发展创意产业服务? 一般来说,建设创意城市至少需要满足三个条件:社会文化的多元性和开放性、城市产业发展能提供足够的发展机会以及具有能够吸引创意阶层的高品质生活环境。创意空间是创意城市的功能单元,也是构建创意城市的空间基础。构建和发展创意城市的核心任务就是要通过实际的城市建设活动来吸引创意阶层,推动创意企业的快速生长,合理引导创意空间的选址和布局,并发挥其集聚效应,形成新的产业发展群落,即所谓创意街区(Creative Block)、创意群落(Creative Cluster)、文化产业群落(Cultural Industry Cluster)、创意产业园区(Creative Park)等。

　　由于城市发展遵循路径依赖,我们不可能放弃现有的工业城市,而去规划和建设全新的创意城市。如何引导和改善传统的城市成为具有创意价值的城市呢？利用科学方法和大量的调查研究，系统化地构建能够反映创意城市基本特征的指标体系，也成为城市规划师追求的理想。

1.1 研究背景

创意产业的发展不是一蹴而就的，而是在经济、社会和技术发展到一定阶段的产物。实践表明，经济高度发展和物质相对过剩的后工业化社会是创意产业发展的时代背景，并由此出现的体验经济为其提供了巨大的增值和发展空间。与此同时，经济全球化的到来为创意产业的外向性发展和网络的形成提供了契机和基础。

1.1.1 创意经济时代的来临

创意时代的来临，是创意城市理论发展的背景。佛罗里达（Florida，2002）将人类社会发展划分为农业经济时代（A）、工业经济时代（M）、服务经济时代（S）和创意经济时代（C）。在 1900 年以前，世界还处于农业经济时代（A），那时的经济主要以农业为主；在 1900—1960 年期间，工业经济迅速崛起，成为世界的主导经济，而农业经济在经济社会扮演的角色开始退缩；在 1960—1980 年期间，在世界范围内服务经济超过工业经济成为领头羊，工业经济经过成熟期其占世界经济的份额开始有所下降。到 1980 年以来，虽然服务经济依然占据主导地位，但是创意经济增长速度很快，有着越过服务经济的趋势。霍金斯（2006）在《创意经济》一书中指出，全世界创意经济每天创造 220 亿美元，并以 5％的速度递增，尤其美国达 14％，英国为 12％。

1.1.2 城市成为竞争的主体

在经济全球化的冲击下，城市的政治、经济、社会环境都发生了巨大的变化，城市开始作为竞争主体而出现。克鲁格曼等（2006）认为，国家边界的作用或地位正在逐步减弱，而国家的下层主体，区域或城市在各个方面日益发挥重要的角色。波特（2002）则认为，在研究竞争力和竞争优势时，国家可能不是最佳的划分单元，以至于"国家竞争的欧洲转向城市竞争的欧洲"（转引：于涛方，2004）。

国际竞争主体的关注从国家竞争力、产业和企业竞争力研究到城市竞争力的转变,主要是因为城市本身重要性的突现。一个有竞争力的城市,无论对所处的国家还是所载含的企业的竞争力都有着至关重要的作用。国与国、企业与企业之间的竞争成败都取决于城市竞争力(仇保兴,2002)。城市为了获得大量的投资而积极地推销自己,城市间的竞争更加激烈。

同时,全球化削弱了所有民族和国家的文化向心力,导致了全球文化趋同现象。如,跨国公司在全球范围内投资,造成了产业和企业管理的标准化经营、城市建筑景观标准化(如摩天大厦、千篇一面的城市标志性建筑)等趋同现象。这种文化趋同现象使得地方越来越失去本土文化特色,从而造成城市趋同现象和同质性发展越来越严重,促使城市在劳动力成本、新技术、企业和创造力之间的激烈竞争。这种趋同性导致的城市竞争促使在城市发展中思考地方文化特色的重要性。由此,文化发展的特殊意义得以突显。文化经济的发展有助于城市主体形成对自身文化认同的需要。对此,杨博华(2008)认为,"全球化不仅让人失去空间和精神家园,同时,也产生了对这二者的强烈需求"。

1.1.3　创意城市理论的兴起

英国经济学家、布莱尔首相的高级经济顾问坎农(2004)认为,创意时代的城市,尤其是大城市的发展,将更主要依靠人的创意和创造力来推动其在全球经济中的竞争。兰德里(Landry,2005)指出,极富创新力的创意经济活动是创意时代城市活力的重要来源,是城市新经济的一大亮点,将推动城市社会文化传播构成与产业发展形态及社会运作方式的根本性变化。

创意城市是推动文化经济、知识经济的关键。打造创意城市,不仅吸引文化创意人才与团体组织进驻城市,通过创意产业的兴起赋予城市以新的生命力和竞争力,同时还能够以创意方法解决城市发展的实质问题。由此可见,在全球化背景下,以知识经济为基础的创意经济时代即将来临,而创意城市的建设则是未来城市发展的必然趋势。

1.1.4　创意城市建设风靡全球

迄今为止,已有60多个国际大都市以创意冠名。其中英国达20个,从"创意曼彻斯特"到"创意布里斯托",再到"创意普利茅斯",当然还有2003年提出要维护和增强伦敦作为"世界卓越的创意和文化中心"的声誉,以使之成为世界级创意城市。

加拿大也是走在创意城市发展的前沿。多伦多的"创意城市文化计划",温哥华的"创意城市策略小组",安大略省伦敦也有类似的计划,还有渥太华的创意城市计划。

联合国教科文组织于2004年开始发起"全球创意城市网络",该网络是一个旨在把世界范围内以创意和文化作为经济发展主要元素的各个城市联结起来,借此推动并提升城市社会、经济和文化发展的国际城市网络联盟。截至2012年4月已有德、英、法、美、日等19个国家计31个城市加入该网络。

亚洲的几大经济强国和地区也有所行动。新加坡在1998年就将创意产业确定为21世纪新加坡的战略性产业,并将城市发展目标确立为"新亚洲创意中心"、"一个文艺复兴的城市"、"全球文化和设计行业的中心"。中国台湾地区认为创意城市是一个将会对台湾都市21世纪发展产生重要影响的概念,是推动台湾文化经济的关键,是当务之急的发展目标。日本的大阪于2003年成立了"创意城市研究所",2005年成立"日本创意城市交流协会"。

在世界各国和地区刮起的创意风潮影响下,中国许多城市相继将建设创意城市提上议事日程。据不完全统计,目前我国有30多个城市先后提出了建设创意城市的设想。各种版本的"中国创意城市排行榜"新鲜出炉,众多创意城市论坛相继举办。

1.1.5 理论与实践的错位

然而仔细审查这些城市的创意城市发展规划和战略却不难发现,其中大多数都是文化艺术规划或者是创意产业发展计划。正如兰德里(Landry,2005)在创意城市建设盛行全球时特别指出,"文化产业、创意产业仅仅只是创意城市的一个重要部分——而非全部内容"。在各个城市发展创意城市的道路上逐渐开始出现偏差时,对于创意城市建设理论的需求就越来越强烈。从总体上说,目前现有研究成果远远不能满足创意城市建设实践的需要,对于什么是创意城市,创意城市有哪些构建要素,创意城市的发展模式有哪些,如何建立创意城市的评价指标体系,以及采用何种评价方法来测度创意城市等众多问题,尚未有比较成熟的理论。

1.1.6 城市空间与创意经济的互动

城市空间是影响任何经济活动的重要因素。创意经济也不例外,而且创意经济与城市空间之间的关系更为密切。城市空间结构与组织不仅支撑创意经济体系（从生产到消费）的运作，空间本身（如地景、建筑）更是创意经济的产品。城市需要创意经济作为发展的新动力（发挥城市更新与产业升级的功能），创意经济需要城市作为发展的平台（创意工作者所需的创意氛围与文化产品所需的消费场域）。

佐京（Zukin，1995）曾提出文化作为控制城市的主要力量：以意象和记忆为资源、作为特定空间的象征、成为建筑主题，依赖历史保存及地方资产维护，在城市的发展策略中，扮演领导者角色，文化越来越成为城市重要的商业组成，包含其观光吸引力、特色及竞争力等。逐渐成长的文化消费和创意产业（如艺术、潮流、音乐、观光等），强化了城市的象征经济。在空间环境质量和文化消费商，重视地方独特特质成为文化观光发展的主要动力。佐京尝试找出形象消费与城市空间的关系，并提出"这是谁的城市"的问题（Whose City?）——谁有权主导城市形象？当形象和服务为商品时，运用空间便得考虑建立象征符号意义。更具体一点，当城市由服务业经济主导时，美学对空间运用和形象建立具有很重要的作用。制造业衰落，文化在城市的经济角色日益重要。

空间的运用与城市风貌、城市形象有不可分割的关系。事实上，基于整治与经济理由，建设城市风貌，建立城市形象，继而向其他地区、国家推广城市，是每个当权者管治城市的中心环节（Broudehoux，2004）。哈维（Harvey，1989）指出，消费经济导致城市空间运用的改变：资金被投放在改造破落的工业城市，使得城市成为一个吸引消费者的空间。于是，重建是消费的催化剂，是工业生产萎缩下刺激经济的方法。

1.2 研究意义

1.2.1 理论意义

近两年来，随着各大城市对创意城市的关注增加，我国创意城市研究取得了阶段性的成果，但是从理论研究层面看，多数还是停留在国外创意城市建设的理论框架下。诚然，西方有关创意城市的研究走在世界研究的前沿，但是考虑到我国自身的文化背景、转型期内的特定经济发展模式，国外理论的适用性值得商榷。因此在现有理论研究成果和各国创意城市建设实践的基础上，探索一套符合中国国情的创意城市理论及研究框架显得极为有意义。此外，目前对城市创意能力的评判,多数研究仍以定性分析为主,现有的几套评价指标体系或存在争议,或较难在国内应用。本书试图从创新理论和城市创新系统入手,辨析创新与创意城市之间的关联,并结合现有理论研究成果,提出创意城市的内涵、构成要素、发展模式,并重点研究创意城市的评价指标体系和评价方法,尝试为创意城市建设提供一些有益的理论参考,丰富创意城市理论。

1.2.2 现实意义

美国乔治梅森大学教授佛罗里达在其著作中利用人才、技术和包容度三大项指标,对中国各大城市进行创意性排名。创意指数排名前 6 位的城市分别是:北京、上海、天津、深圳、沈阳和广州。国内传媒则公布了中国创意城市榜:北京、上海、广州、深圳、长沙、昆明、杭州、西安、成都、重庆。同样是高校云集的省会城市,同样是有着深厚底蕴的历史名城,同样是有着舒适的人居环境的山水城市,南京却始终未能挤进中国创意城市的前列。本书以南京为例,通过文中建立的评价指标体系,从纵向和横向两个方面对南京的整体创意能力做出初步评价,以期为南京的创意城市以及创意空间建设提供若干建议。

1.3 研究思路

本书首先在综合现有关于创意城市的理论研究的基础上,探讨创意城市的类型、发展过程及构成要素。其次,从空间构建角度探讨创意城市建设,在分析城市创意空间特征的基础上提出宏观空间的引导策略。同时,构建创意城市指标体系,提出构建创意城市评价指标体系的基本原则,依据相关理论与实践,提出设计创意城市评价指标的具体思路及指标体系的构成。最后,以南京市为实证研究对象。运用所建立的创意城市综合评价模型,一方面选取北京、上海、天津、广州、杭州、西安、重庆、南京、深圳计 9 个城市的数据,对南京市 2010 年的创意能力进行横向比较;一方面按照时间序列对南京市 2000 年后的创意能力进行纵向评价。根据评价结果,对南京创意城市建设提出相应的对策和建议。针对南京创意产业集聚区,通过大量的资料整理、深度访谈和随机抽样问卷,以发现集聚区的布局特征、形成动因以及存在问题,并有针对性地提出改进的建议(图 1-1)。

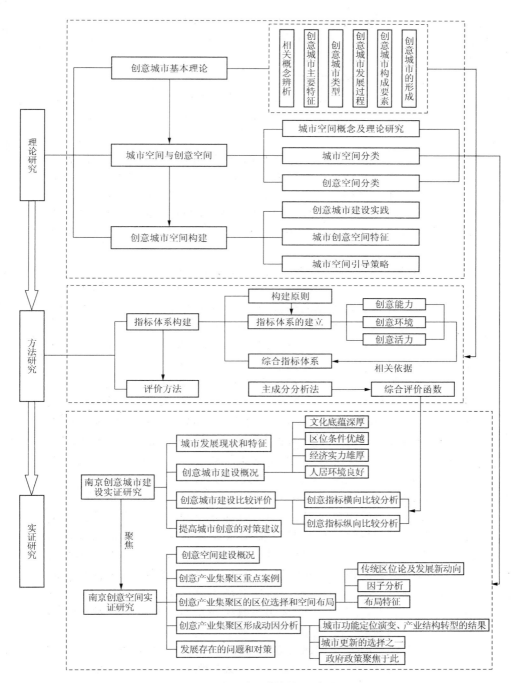

图 1-1　研究逻辑框架示意图

1.4　国内外研究进展

1.4.1　国外研究综述

西方国家在经历了城市的繁荣大发展时期后相继出现各种城市病现象。20世纪90年代,西方学者观察到城市的衰退和面临的种种危机,开始认真地思考城市的未来出路和发展方向,有关创意城市的理论研究由此出现。不同学者提出各种名词,如"大都市文艺复兴城市"、"学习型城市"、"企业家城市"等,其中的一个共同点就是确认全面创新是城市复兴发展的核心动力。

在此方面研究的集大成者是英国的查尔斯·兰德里(Charles Landry),他提出了创意城市(Creative City)较为完整的概念,认为城市要达到复兴,只有通过城市整体的创新,而其中的关键在于城市的创新基础、创新环境、文化因素。他同时指出,创意城市不仅需要城市学专家的介入,还应积极要求不同学科、不同领域、不同层次的人参与,只有这样才能对事物做出全面、全新的评判。

伦敦大学规划学教授彼得·霍尔(Peter Hall)在其作品《城市文明:文化、科技和城市秩序》(*Cities in Civilization*,1998)中指出创意城市是每个历史时期的一种现象,而每个个体城市并不是总能保持创意。他分别对公元前5世纪的雅典、14世纪的佛罗伦萨、莎士比亚时期的伦敦、18世纪晚期和19世纪的维也纳、1870—1910年间的巴黎以及20世纪20年代的柏林进行研究。在此基础上探讨这六个创意城市的共同特征。他认为这些城市虽然规模差异巨大,但是它们均处于其所在时代中的重要位置;它们当时都处于急剧的经济和社会变革之中,都是大的贸易城市,并且除雅典以外其他城市在所在区域中都是最富有的;它们的城市政策使得它们像磁石一般吸引着天才的移民和财富的创造者。霍尔在文中最后指出,总之,高度保守、极其稳定的社会,或者所有秩序已消失殆尽的社会都不是产生创意的地方。拥有高度创意的城市,在很大程度是那些旧秩序正遭受挑战或刚被推翻的城市。

美国乔治梅森大学区域经济学教授理查德·佛罗里达(Richard Florida)认为美国的社会阶层构造已经发生重大变化,一个新的阶层悄然兴起,即创意阶层(Creative Class)。他们从事不同行业但都属于智力型人口,从事"创意性"工作。这个新阶层包括"超级创意核心"(Super Creative Core)和"创意专职人员"(Creative Professionals)。

目前,西方学者对于创意城市的研究日益与全球化、知识经济的背景相结合。创意城市是孕育知识经济的地方,知识经济要求城市创新,而一个富有竞争力的城市则是集聚性、多样性、不稳定性和良好声望的结合体(Hospers,2003)。

关于创意城市的发展策略主要有两个研究方向。一是基于经济竞争,各地政府纷纷塑造相似的文化设施带动城市更新,例如文化发展规划中的博物馆、大型剧院、流行音乐中心,以此来吸引创意人才(Florida,2002;Bayliss,2007)。该研究方向过度重视文化消费端的重要性,而忽略了对文化生产端的支持(Pratt,2008)。另一则是强调社会融合的发展策略,其强调创意城市的形成,除了经济竞争力的思考外,更需要考虑到整合地方历史文脉(Miles,2005)。

国际上在创意城市的理念方面已有所突破,但对"创意城市"的指标体系、发展阶段、实施战略和运作机制的认识还不十分成熟,许多尝试还是非常初步的,需要大量的实践加以补充完善,尤其是发展中国家,创意城市研究的主要形式仍是案例研究(图1-2)。

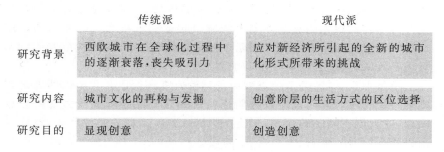

	传统派	现代派
研究背景	西欧城市在全球化过程中的逐渐衰落,丧失吸引力	应对新经济所引起的全新的城市化形式所带来的挑战
研究内容	城市文化的再构与发掘	创意阶层的生活方式的区位选择
研究目的	显现创意	创造创意

图1-2　国外不同研究派别研究特点对比

1.4.2　国内研究进展

创意城市的提出根本上是一种城市治理模式的变革。随着我国经济的迅速发展,城市化进程面临包括城市综合竞争力提升、城市可持续发展、城市文化环境营造等带来的一系列问题和挑战,为此,我国也提出了很多相应的理论方法,特别是对创意的关注上升到前所未有的程度。但是由于我国整体经济发展水平和发展阶段的限制,这些研究还停留在个案分析上,缺乏系统的理论体系。总的来看,我国在创意城市建设方面的研究和国外相比差距还是比较大的。

原上海社会科学院院长尹继佐(2003)在他主编的《世界城市与创新城市：西方国家的理论与实践》一书中对创新城市是这样界定的："创新城市是指创新意识成为市民思维不可分割的一部分，城市能够将创新想法付诸实施，并将创新实践和成果不断宣传、传播，维持城市不断进行新的创新过程。它是一种全方位、全社会、全过程的创新，是城市实现跳跃式发展的途径。"显然，这里对创新城市的阐述更多源于西方的"Creative City"概念。

上海是我国创意产业发展最为积极的地区。早在 1999 年，上海最早的创意产业区——四行创意仓库诞生。上海创意产业近年来取得蓬勃发展，为了衡量和体现创意产业的发展内涵，上海市创意产业中心根据统计局公布的数据，参考国外编制方法，2006 年编制完成了上海城市创意指数。创意指数包括产业规模、科技研发、文化环境、人力资源、社会环境五大指标体系，由 33 个分指标构成。这是我国内地首个城市创意指数，对我国城市创意能力量化研究起到了推动作用。

我国学者通过对国外大量文献的翻译与解读，从基本概念上对创意产业有了初步的理解。褚劲风(2009)对创意产业的特征与发展趋势做了剖析。金元浦(2006)探讨了创意产业的概念、性质和基本特征。吴维平(2010)着重研究创意产业集群和城市政策和效益之间的互动。孙施文(2008)辩证地分析了城市创意与创意城市的关系，认为城市中的创意应该是无所不在的，绝不仅仅限于创意产业。

总体来看，国内关于创意城市的理论研究还停留在介绍国外理论和发展经验阶段。国内大多数的创意城市的建设还停留在大力发展创意产业、建设创意园区的层面，未能全面深入到城市的整体发展中，且评价还停留在"可知、可感、不可量"的阶段。

2 创意城市基本理论

2.1 相关概念辨析

2.1.1 创意

创意,有人认为是城市中某一特殊阶层才拥有的天赋能力,也有人认为创意来自城市中各阶层的思想火花,还有人认为创意来自城市内部的文化积淀。直到目前,还没有关于"创意"的统一解释。佛罗里达(Florida,2002)把"创意"(Creativity)解释为"对原有数据、感觉或者物质进行加工处理,生成新的且有用的东西的能力"。兰德里(Landry,1994;2000)在不同的场合对创意下过不同的定义,他认为,"创意是一种工具,利用这种工具可以极尽可能地挖掘潜力,创造价值",创意是"对一件事情做出正确的判断,然后在给定的情况下寻找一种合适的解决方法"。兰德里等人认为,"创意即全新地思考问题,它是一种实验,一种原创力,一种重写规则的能力"。霍斯珀斯(Hospers,2003)则认为,创意的本质就是利用原创方法去解决每天出现的问题与挑战的能力。

创新与创意是两个既互相关联又互相区别,且容易混淆的概念。"创新"(Innovation)在牛津高阶英汉双解词典中解释为:一是新事物、思想或方法的创造;创新;改革(the introduction of new things,ideas or ways of doing sth)。二是新思想;新方法(a new idea,way of doing sth,etc. that has been introduced or discovered)。尹宏(2009)认为,一方面,创新和创意具有内在的关联,指人类进行的从无到有的创造性活动。创新是创意的源头,创意是创新的一种表现形式。另一方面,创新和创意具有明显的区别。创意包含着非线性的、经常不符合逻辑的个人表达,创新则包含着精心设计好的新因素。创意是令消费者获得独特体验效用的观念、感情和品位,创新指利用技术手段对各种资源进行效率性的重组,以提高生产效率、改变产品或服务的功能结构,为消费者提供更多的功能效用。各国发展经验表明,创意和创新的概念割裂往往是由于各国(或地区)对创意产业界定不同导致的,例如,与英国沿用的"创意产业"相比,美国则采用"版权产业"(Copyright Industries)的分类方法,包括文化、高新技术和 R&D 产业等,而英国的"创意产业"其实更多等同于"文化产业"。

但无论是创新或者创意,都能增加产品或服务的总价值,促进经济增长。"创意"泛指一切在人的主观思维作用下,综合运用个人的技能、才华和知识,借助于现代技术手段,进行的人文性创造活动的过程和结果。

2.1.2 创意产业

产业(Industrial)一词最早由重农学派提出,特指农业。在人类迈入资本主义大生产时代后,产业主要是指工业。马克思主义政治经济学曾将产业表述为从事物质性产品生产的行业,并被人们长期普遍接受为唯一的定义,也正是因为"物质性生产行业"的定位,"广电媒体"始终没有被赋予产业的属性,而一直尊居"事业的宝座"。20 世纪 50 年代以后,随着服务业和各种非生产性产业的迅速发展,产业的内涵发生了变化,不再专指"物质产品生产部门"而是指"从事国民经济中同一性质的生产或其他社会、经济活动的企业、事业单位和机关团体总和,即在社会分工条件下的国民经济各部门"。就其本质而言,是"一定区域内(如一国、或一个地区)生产同类或同一产品(包括服务)的所有企业的集合"。

创意产业的思想先驱可以被认为是熊彼特(Schumpeter)。熊彼特(1990)在创新观点中明确指出,现代经济发展的根本动力不是资本和劳动力,而是知识和信息生产、传播和使用等形成的创新。之后,罗默在 1986 年提到"新创意(Idea)会衍生出无穷新产品、新市场和财富创造的新机会,所以新创意才是推动一国经济成长的原动力"。上述两位学者明确了创意的重要性,并为创意产业这一概念的引出做好了铺垫。创意产业是近年来发达国家提出的一个新概念,是指一个新兴的产业群。目前,被广泛引用的创意产业定义是由英国创意产业负责小组 1998 年在《英国创意产业路径文件》中提出的,"源于个人创造力与技能及才华、通过知识产权的生成和取用、具有创造财富并增加就业潜力的产业"。创意产业至少包括以下 13 个领域:广告、建筑、艺术、手工艺品、时尚设计、电影与音像、互动休闲软件、音乐、表演艺术、出版业、软件及计算机服务、电视和广播(表 2-1)。

表 2 - 1　不同国家及地区和联合国教科文组织对创意产业的分类标准

国家及地区	行业分类
英国	13 类:广告、建筑、艺术及古董市场、工艺、设计、流行设计、电影与录像、休闲软件与游戏、音乐、表演艺术、出版、电脑软件、广播电视
澳大利亚	7 类:制造(出版、印刷等)、批发与销售(音乐与书籍销售)、财务资产与商务(建筑、广告及其他商务)、公共管理与国防、社区服务、休闲服务、其他产业
新西兰	10 类:广告、软件与资讯服务业、出版、广播电视、建筑、设计、时尚设计、音乐与表演艺术、视觉艺术、电影与录像制作
新加坡	3 大类 15 项:艺术与文化(摄影、表演及视觉艺术、艺术品与古董买卖、手工艺品)、设计(软件设计、广告设计、建筑设计、室内设计、平面产品、服装设计)、媒体(出版业、广播业、数字媒体、电影)
美国	4 类:核心版权产业、交叉产业、部分版权产业、边缘支撑产业
加拿大	8 类:出版和文学、音乐和剧场制作及歌剧、电影和声像、广播电视、摄影和视觉艺术及绘画艺术、软件和数据库及新媒体、广告服务、版权集中管理学会
日本	3 类:内容产业、休闲产业、时尚产业
中国香港地区	11 类:广告、建筑、设计、出版、数码娱乐、电影、古董与工艺品、音乐、表演艺术、软件与资讯服务业、电视与电台
中国台湾地区	13 类:视觉艺术、音乐与表演艺术、文化展演设施、工艺、电影、广播电视、出版、广告、设计、品牌时尚设计、建筑设计、创意生活、数字休闲娱乐
联合国教科文组织	6 类:印刷、出版、多媒体、视听产品、影视产品、工业设计

　　英国学者索比(2005)指出,所谓创意产业"就是要将抽象的文化直接转化为具有高度经济价值的'精致产业'"。他认为,这种创意产业具有三大特色:第一,创意产业活动会在生产过程中运用某种形式的"创意";第二,创意产业活动象征意义的产生与沟通有关;第三,创意产业的产品至少有可能是某种形式的"智能财产权"。该定义体现了文化产品产业化、商业化的过程,并强调了创意将抽象概念具体化的作用。

　　哈佛大学经济学教授凯夫斯(Cave,2004)从文化经济学的角度进一步将创意产业定义为:提供具有广义文化、艺术或仅仅是娱乐价值的产品和服务的产业。他概括了创意产业的基本特征，认为，消费者对创意产品的需求难以预测；创造者会极度关注其工作的质量和整体性；许多创意产品要求拥有达到一定技能水平的不同技能的创意工作者共同参与完成；创造性的投入是各不相同的，难以量化。这些观点将创意产业集中于传统文化产业的复制模式，没有把信息革命内生到创意经济中，没有实现创意产品的正反馈和正外部性。

霍金斯（2006）从知识产权的角度扩展了创意产业的范畴，认为知识产权法的每一部分都有相对应的产业，版权、专利、商标和设计四个部门所对应的产业的总合就是创意产业。这一定义扩展了创意产业的内涵，把自然科学中的专利研发纳入了创意产业，解决了创意活动中科学与文化艺术相分离的问题。

北京大学教授王缉慈（2005）从创意产业的主要来源出发，认为创意产业是那些"具有自主知识产权的创意性内容密集型产业"。它具有三个含义：① 创意产业来自创造力和智力财产，因此又称为智力财产产业（即 IP 产业，Intellectual Property Industry）；② 创意产业来自技术、经济和文化的交融，因此创意产业又称为内容密集型产业（Content-intensive Industry），而且是具有自主知识产权的内容密集型产业；③ 创意产业为创意人群发展创造力提供了根本的文化环境，因此又往往与文化产业（Culture Industry）概念交叉使用。

李世忠（2008）认为创意产业是指依靠创意人的智慧、技能和天赋，借助于高科技对文化资源进行创造与提升，通过知识产权的开发和运用，产生出高附加值产品，具有创造财富和就业潜力的产业。这也为中国创意产业的分类提供了具体的标准。张振鹏、王玲（2009）从文化、创意以及产业三个相互联系、相互作用的角度把创意产业定义为：源于文化元素的创意和创新，经过高科技和智力的加工产生出高附加值产品，形成的具有规模化生产和市场潜力的产业。

联合国教科文组织在 2006 年定义创意产业为"依靠创意的人的智慧、技能和天赋，借助于高科技对文化资源进行创造与提升，通过知识产权的开发和运用，产生出高附加值产品，具有创造财富和就业潜力的产业，它包含文化产品、文化服务与智能产权三项内容"。

中国台湾地区在 2004 年将创意产业概念具体为"文化创意产业"，最早由台湾地区"经济部工业局"定义为"源自创意与文化积累，通过智慧财产的形成与运用，具有创造财富与就业机会潜力，并促进整体生活环境提升的行业"。"文化"是一种生活形态，"产业"是一种生产行销模式,而两者的连接点就是"创意"。

上海市 2005 年从物质生产功能角度出发,认为创意产业是"以创新思想、技巧和先进技术等知识和智力密集型要素为核心,通过一系列创造活动,引起生产和消费环节的价值增值,为社会创造财富和提供广泛就业机会的产业"。

由此可见,不同学者或地区部门对创意产业内涵理解都是非常接近的,即"强调创造力对经济的贡献能力",定义都着眼于整个产业链,主要由三个要素构成——产业源头、产业化路径和产业的社会效果,特别强调核心源头,即创意。但是不同的学者或地区对于创意范畴理解上存在不同认知,因此造成了创意产业行业界定有所不同。回过头看,创意产业概念的提出是针对"个人创造力"、"技能"和"天赋",其更多是强调一种发展的理念和模式,而不是具体的某些行业。因此,本书认为对创意产业的行业界定或认为统一都是没有必要的,在各个城市或国家的发展历程中,可根据其发展的具体国情或环境进行行业范畴界定,且这些界定并不需要一成不变,理应随着时代及一个国家或地区经济社会发展水平趋势改变而改变。

2.1.3 创意经济

佛罗里达(Florida, 2002)将人类社会发展划分为农业经济时代(A)、工业经济时代(M)、服务经济时代(S)和创意经济时代(C)。他认为自 1980 年以来,虽然服务经济依然占据主导地位,但创意经济增长速度加快,有超过服务经济的趋势。约翰·霍金斯在《创意经济》一书中指出,全世界创意经济每天创造 220 亿美元,并以 5% 的速度递增,尤其美国达 14%,英国为 12%。在经济学默认的共识当中,使用"创意经济"概念往往潜含着创意及其产品的供给与需求已经初具规模,存在局部均衡,有一定规模的人群以创意为职业和谋生手段。

创意经济时代的来临促使了个性自由地发挥,即经济强调对消费产品和服务地参与,从而促使了体验经济的出现。在体验经济时代,消费者需求层次逐渐向高端转移,表现为开始追求个体意识的自我实现,并对情感和体验因素的需求日益高涨,从而带来经济范式的革命性改变,即经济由传统的"理性"转变为"快乐性"。派恩和吉尔默(2002)对体验经济的界定为"以商品为道具,以服务为舞台,以提供体验作为主要经济提供品的经济形态"。它是经济社会高度富裕、文明和发达的产物,促使人们追求高层次的消费需求。

2.1.4 创意城市

城市是人类文明的结晶,几乎人类所有的创造性成就都与城市相关。城市中的创意自古就有。创意形成创意产业,创意产业构筑创意城市,创意城市又萌生新的创意。如果我们发掘创意城市的思想,最早可追溯到维多利亚时期约翰·罗斯金(John Ruskin)和威廉·莫里斯(William Morris)所创立的文化经济学(Sasaki,2003)。而格迪斯(Geddes)和芒福德(Mumford)则是首先将罗斯金和莫里斯的思想引入到创意城市研究中来。但创意城市理论研究的兴起还只是随着最近创意经济时代的到来才开始的。

英国创意城市研究机构 Comedia 的创始者兰德里(Landry,2005)认为,城市要达到复兴,只有通过城市整体的创新,而其中的关键在于城市的创意基础、创意环境和文化因素。由于创意与城市之间有着密切的联系,因此,任何城市都可以成为创意城市,或者在某一方面具有创意。

创意城市是推动文化经济、知识经济的关键。打造创意城市,不仅吸引文化创意人才与团体组织进驻城市,通过创意产业的兴起赋予城市以新的生命力和竞争力,同时还能够以创意方法解决城市发展的实质问题。由此可见,在全球化背景下,以知识经济为基础的创意经济时代即将来临,而创意城市的建设则是未来城市发展的必然趋势。

2.1.5 创意空间

随着创意产业的发展和创意城市的建设,不断出现诸如"创意产业基地"、"创意产业园"、"创意产业集聚区"、"创意产业带"等带有地域集聚特征的概念名词,它们都是容纳创意产业活动的空间载体,有着比较清晰明确的地理界线或是通过规划确定的地理边界。在这些空间载体里能够为创意个体或者创意企业的成长发展提供一个良好的环境,彼此间可以分享信息咨询,共享高科技含量的基础设施等。创意空间的形式可以多种多样,但是都必须符合创意产业活动的特点,其内部空间建设需要满足创意人员创造创意成果所需的种种环境。同时,作为一个空间区域,创意空间是属于城市的一个功能单元,其建设发展应考虑与城市合理的空间关系等。

但我们需要注意的是,由于城市空间的复杂性,创意空间不仅仅指一般意义上的硬件设施的功能集合,还应包括文化、社会、感知等多种属性,是空间的、经济的、社会的、文化的区域实体,是各种硬件基础要素和软件文化要素、机制要素的综合体。

2.1.6　创意、创意产业、创意空间及创意城市四者相互关系

在经济全球化的冲击下,城市的政治、经济、社会环境都发生了巨大的变化,城市开始作为竞争主体而出现。克鲁格曼等(2006)认为,国家边界的作用或地位正在逐步减弱,而国家的下层主体,区域或城市在各个方面日益发挥重要的角色。波特(2002)认为,在研究竞争力和竞争优势时,国家可能不是最佳的划分单元。城市为了获得大量的投资而积极的推销自己,城市间的竞争更加激烈。2001年在亚特兰大召开的城市竞争力会议上,众多学者认为,在以人才、知识、技术、信息、投资等生产要素为竞争对象的背景下,如何获得新的竞争优势,即如何吸引这些要素的到来成为城市关注的重点。霍斯珀斯(Hospers,2003)的研究认为,要解决"全球化——地方化的矛盾",在全球化过程中城市必须更加依靠自身独特的个性。城市个性的彰显,只有通过创意途径才能在竞争中获胜。格特勒(Gertler,2004)也指出,创意城市的发展对加拿大而言,一方面可以增强国民经济的竞争力和适应力,另一方面可以提高人民的生活质量。此外,还有学者认为创意城市理论为解决各种现代城市病提供了超越传统的思维方法,如兰德里(Landry,2000)就认为,当代大都市发展面临严峻的结构问题(如传统经济产业衰退,缺乏集体归属感,生活品质恶化,全球化挑战威胁等),而这些问题往往需要创意的方法才能加以解决。

创意产业集聚发展而形成创意产业群落,推动着城市经济增长方式由粗放型向集约型转变、城市产业结构由传统制造业向现代服务业升级、城市功能空间由旧厂房向智能型空间转型,进而又推动着创意产业集聚区向创意城市演进。特别是创意人才在大城市的集聚和创新,驱动了创意城市的出现。创意城市主要是在劳动力市场、文化多元化、包容性、低进入障碍和各类高水平的城市服务等基础上形成和发展起来的。

创意城市原本是指以文化为主的城市再生概念,通过城市创意对各个行业的渗透而形成以创意产业为主导产业体系的城市。由此可见,创意情境是创意城市形成的环境条件,创意产业是创意城市的产业支撑,创意产业园区是创意城市的空间表现形态。创意城市是创意产业与创意空间的有机聚合体。通过发展创意产业,带动空间创新和组织创新、制度创新,进而孕育出创意城市。因此,创意城市着重科技、文化、艺术与经济的融合,强调地方文化特色与区域发展的融合,注重人的创造力与城市创意环境的融合。创意只有融入到生产开发和商业化营销之中,

才能充分彰显其科学上的或技术上的价值。创意产业链包括原创活动、创意产品的制造与销售三个部分,而在新创意进入批量化生产之前,并不能完全体现其价值。此外,好的创意还需要与好的技术载体有效结合,才会产生倍增效应(图 2-1)。

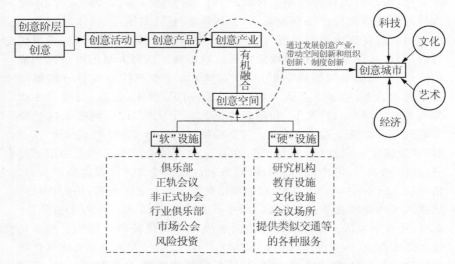

图 2-1 创意产业、创意空间与创意城市组织概念图

2.2 创意城市的主要特征

2.2.1 发达的创意产业

综观全球各大创意城市,发达繁荣的创意产业是其最重要的特点。英国是世界上第一个政策性推动创意产业发展的国家,作为首都的伦敦,创意产业得到了极大发展。创意产业是伦敦主要的经济支柱。创意产业在美国称为核心版权业。据国际智慧财产权联盟的报告,1977—1996 年间,纽约核心版权业增长率是经济增长率的 3 倍。中国台湾地区极为重视创意产业的发展,将其作为未来台湾城市经济发展的基底。据台湾"经济部"称,2003 年,台湾创意产业产值达 3 044.73 亿新台币,同比增长达 14.01%,创意产业企业达 48 344 家,同比增长 7.6%,从业人数共 325 546 人,同比增长 3.1%。

2.2.2　密集的创意阶层

在创意时代,知识和创意成为财富创造和经济增长的主要源泉,而人才成为主要生产要素。一个城市的竞争优势来自于能够迅速地动员这些人才和资源把创意转化成新商业产品。因此,一个城市的优势在于能够吸引人才。在美国,社会阶层构造已发生了很大的变化。除了劳动者阶层、服务业阶层以外,一个新的阶层在悄然兴起,那就是创意阶层(Creative Class)。创意阶层是以创意创造经济的人群,他们是属于智力型的人口,经常会有新的想法,发明新的技术,从事"创意性"的工作。据佛罗里达(Florida)的计算,美国创意阶层从 1991 年的不到 2 000 万人上升到 2002 年的 3 830 万人左右,呈爆炸性增长态势。创意阶层在城市中密集,丰富了美国城市创意人才,增强城市创新氛围,完善城市创新体系,新的产品、设计和营销为城市带来丰厚的利润,地方基础设施的建设有了物质保障,从而吸引更多的创意者来到该区域。

2.2.3　强大的技术创新能力

"技术"可以定义为一个城市的创新和高科技的集中表现。强大的技术创新能力为城市和地区的经济发展提供源源不断的新产品、新技艺、新思想及新创意,是创意城市持续发展的不竭动力。与先进技术环境的紧密接触有利于促进企业与产业、互联网和销售企业的联系。1950 年以来,美国的 R&D 投入金额持续地增长,由 1953 年的 50 亿美元增长到 2000 年时的超过 2 500 亿美元。R&D 成果在过去一个世纪同样持续增长,1950 年之后更是加速增长。美国每年所核发的专利权数目从 1900 年的 25 000 件上升到 1950 年的 43 000 件,增长近两倍,1999 年达到 150 000 件,增长 2.5 倍。可以说,充足的 R&D 投入是美国创意城市获得强大创新技术能力的最重要因素。

2.2.4　宽松开放的创意氛围

有魅力的城市并不一定是大城市,但必须具有宽容性和多样性等都市风格。人们在这里应该能发现与自己兴趣爱好相同的亚文化团体(Subcultural Team),而且从与自己不同的亚文化团体中受到启发和刺激。宽容在吸引创意人才以及支持高科技产业发展和城市经济增长方面具有关键作用。城市经济学家很早以前就认为多样性对城市的经济发展是很重要的。雅各布斯认为,要想在城市的街道和地区发生丰富的多样性,四个条件必不可少:① 地区以及其尽可能多的内部区域的主要功能必须要多于一个,最好是多于两个;② 大多数的街段必须要短,也就是说在街道上能够很容易拐弯;③ 一个地区的建筑物应该各色各样,年代和状况各不相同,应包括适当比例的老建筑,因此在经济效用方面可各不相同;④ 人流的密度必须要达到足够高的程度,不管这些人是为什么目的来到这里的。这四个条件的结合能产生最有效的经济资源。换而言之,多样性可以提高一个城市吸引创意人才的能力。一个具有开放性和低进入门槛的城市在吸引创意人才和人力资本中具有截然不同的优势,从而可以产生和吸引高科技产业,实现城市的经济繁荣。容忍和多样性可以有利于高科技的集中和成长。有才能的人喜欢到具有开放和容忍以及能提高生活质量的地方去。一个地方越是多样性和多文化,对他们越具有吸引力。能吸引这些具有创意人的地方可以吸引公司和产生更多的创新,从而实现当地的经济良性循环。

2.2.5　拥有众多知名的大学

大学在发展创意城市上起着一定的作用。大学是创意经济的智力中心,是技术的发生器,在推动人才和容忍这两个方面也做了很大的贡献。他们吸引着全世界最优秀的人才。大学也是一个开放的社区,是包容的繁殖场,是一个提倡多元文化的场所,是产生多样性的源泉。在过去,城市是以工业化为导向的经济城市,国际知名的企业往往选择具有投资价值的城市。在现在,城市是以创意化为导向的大学城市。创意阶层选择适合他们居住和进行创造性工作的城市,优秀的企业则寻找能给企业创造更高附加值和创造更多利润的创意阶层。城市通过发展大学,让优秀的研究型大学吸引人才和培养人才,然后这些人才再吸引企业进入城市进行投资。因此大学为城市提供所需的创意性人才,同时大学也为城市提供了技术和一个宽容性的环境和多样性的场所。优秀的大学对于城市繁荣的作用,包括提高城市的可居住性,从而吸引更多的人口成为居住者;提高城市的可投资性,从而吸引更多的投资者;提高城市的可旅游性,从而为城市吸引更多的旅游者。

2.2.6　高效的知识产权保护体系

创意经济的发展并不等同于传统文化产业的发展,它更注重商业的能力,而不是纯粹的文化输出。创意加知识产权才能创造财富。对于高度创造性的创意产业和创意阶层来说,一个有效的知识产权保护系统是至关重要的。如果没有这样一个系统,那么创造力所能带来的利润将很快消失。瑞典斯德哥尔摩的音乐产业具有良好的组织和联合会,这些组织和集中的代理机构很好地引导了音乐产业的发展。它们在国内外的监督和执行,加上瑞典国家对知识产权的积极保护,在减少出口收入损失上起到了重要作用。另外,大企业在全球尺度上保护知识产权的广泛势力使其在瑞典音乐产品和服务出口上起到了主导作用。

2.3 创意城市类型

霍斯珀斯(Hospers,2003)认为彼得·霍尔(Peter Hall)的研究说明创意城市是属于每个时代的一种现象,但没有一个城市总能永久展现创意的。根据经济与城市发展的历史进程,霍斯珀斯总结出四种类型的创意城市(表 2-2)。

表 2-2 创意城市比较研究

类型	历史上的创意城市	当代的创意城市
技术创新型	1900 年的底特律(亨利·福特在此奠定了美国汽车工业的基础) 19 世纪的曼彻斯特(纺织业) 格拉斯哥(造船业) 鲁尔(采煤和钢铁业) 柏林(电力)	美国的硅谷(旧金山和 Polo Alto) 剑桥(同为信息技术的圣地)
文化智力型	古典时期的雅典 文艺复兴时期的佛罗伦萨 17 世纪的伦敦(舞台剧)、巴黎(绘画)和维也纳(科学和艺术) 20 世纪早期的柏林(歌剧)	大学城,如德国的海德堡 爱尔兰的都柏林 法国的图卢兹 荷兰的阿姆斯特丹 比利时的卢维思(Louvain)
文化技术型	1920 年代的好莱坞和宝莱坞(电影产业)、孟菲斯(音乐产业)、巴黎和米兰(时尚产业) 1990 年代的曼彻斯特(新摇滚乐)和柏林墙推倒后的莱比锡(多媒体产业)	阿姆斯特丹和鹿特丹(后者被选为 2001 年欧洲文化之都)
技术组织型	恺撒时期的罗马(引水工程) 19 世纪的伦敦和巴黎(地铁系统) 1900 年代的纽约(摩天大楼) 战后的斯德哥尔摩(耐久住宅) 1980 年代的伦敦(道克兰地区改造)	蒂尔堡(公司制管理城市) 鹿特丹(港口区复兴)

2.3.1 技术创新型城市

技术创新型城市(Technological Innovative Cities)多为新技术得到发展或者甚至技术革命的发源地。一般是由一些创新精神的企业家,即熊彼特(Schumpeter)所谓的新人(New Men),通过创造既相互合作又专门化分工并具有创新氛围的城市环境而引发城市的繁盛。

2.3.2 文化智力型城市

与技术创新型城市相反,文化智力型城市(Cultural Intellectual Cities)偏重于"软"条件,例如文学和表演艺术,通常都是出现在现存的保守势力和一小群具有创新思维的激进分子相互对峙的紧张时期。主张改革的艺术家、哲学家、知识分子的创造性活动引起了文化艺术上的创新革命,随后形成了吸引外来者的连锁反应。

2.3.3 文化技术型城市

文化技术型城市(Cultural Technological Cities)兼有以上两类城市的特点,技术与文化携手并进,形成了所谓文化产业(Cultural Industries)。相应地,彼得·霍尔也曾提出"艺术与技术的联姻"(The Marriage of Art and Technology),认为这种类型的创意城市将是21世纪的发展趋势,将互联网、多媒体技术与文化睿智地结合在一起,文化技术型城市将会有一个黄金般美好的未来。

2.3.4 技术组织型城市

相比其他类型的创意城市,技术组织型城市(Technological Organizational Cities)中主要在政府主导下与当地商业团体共同合作(即地方层面的公私合作)推动创意行为的开展。人口大规模聚居给城市生活带来了种种问题,比如城市生活用水的供给,基础设施、交通和住房的需求等。这些问题的原创性的解决方案造就了技术组织型的创意城市。

2.4 创意城市发展过程

创意城市理念认为,激发城市内部个体和机构的创新活力是城市发展的永动力。在此基础上,兰德里(Landry,2000)将创意城市的发展划分为停滞、萌芽、起飞到最终形成自我更新的完整创意系统等七个阶段(表2-3)。

表 2-3　兰德里的创意城市发展阶段

阶　　段	过　程　描　述
一、停滞阶段	在停滞阶段,创意未被看成是属于城市发展循环周期的某个特定阶段,在社会经济中仅存在非常简单的创意活动或极为微弱的创意意识
二、萌芽阶段	城市决策者开始意识到创意的重要性,但缺乏总体战略性的考虑,城市创意处于萌芽阶段,城市留不住创意人才的现象仍然非常明显
三、起飞阶段	产业界和公共机构开始关注创意,城市可能出现另类文化,这是创意真正的起飞阶段,人才的流失和回归开始趋于平衡
四、活跃阶段	创意开始由局部走向普遍,创意人才开始回流
五、普及阶段	公共和私人部门都意识到创意动力的重要性,城市表面上已经能够培养"创意人才",但是仍然缺乏一些高级的人力资源
六、创意中心形成阶段	城市利用自身优势吸引大量创意人才及专业人士,成为全国甚至国际知名的创意中心,大批重要研究机构和创意公司在此设立
七、创意城市形成阶段	城市已建立起高效的自我更新、自我批判和反思的发展循环周期;城市是创意人才的磁石,可以提供所有类型的必要专业服务;此时的城市能够在国际层次上与任何城市进行同等竞争

第一级:创意甚至未被视为是重要的或相关的都市事务,也未被看成是属于发展循环周期的某特定阶段,如观念建立或行销等;存在非常基本简单的创意活动;对于发展议题,各个城市行动者具备极为微弱的自我意识。没有公开讨论创意或革新议题。即使有,其活动往往是隐匿的,不受到公共部门的鼓励。城市不是正在追求未来,它可能已经在自断生路濒临败亡。

第二级:城市决策者自己本身开始意识到革新议题很重要。有一些是来自公共部门的鼓舞,例如庆祝地方性的成果;私人部门则有一些偶发的创新活动,但未有全盘的发展策略,仍已获得媒体最低程度的承认。一些地方企业经常是以层级不高的接触方式去帮助"创意者",让他们获得机会阶梯的第一步。城市仍然没有想到,应该有需要去培养创意。城市的组织和管理仍旧偏向是因循传统的。城市留不住创意人才的现象仍然非常明显。

第三级:工业和公共部门制度的工作者面临越来越多的压力,承认革新议题的重要性。地方上的大学鼓励或进行一些具有前瞻性的计划或研究。可能出现另类文化,开始去创造有关城市或一部分城市的"杂音"(Buzz);这可能会因此生出许多计划构想,但实际上很少被真正实现。在公共部门制度内外,皆面临重新思考组织伦理的压力。此时留不住创意人才的问题开始得到好转。一些创意行动者具备了一些门路或观众、支持者。

第四级:不论是透过商业公司、教育部门,或是活跃的非政府组织,城市地区此时已获得一定程度的自主能力,而且个别的创作者开始能够在其所处的环境中实践他们的抱负。存在着促进创意的基础设施,如活泼的研究或另类文化;财务网络的发展成熟;公共部门/私人部门的伙伴关系以及部门间的共生共享逐渐形成。与国内其他地区以及国际上的联系开始成为是稳固可信的。活泼的技术转移或交换方案遍布在商业、教育和公共领域之间。既有的成就像磁铁般吸引他人竞相仿效,而且导致他们流连在城市里。经过协调的公共介入手段经常被引用,尤其在技术领域。创意人才开始回流。

第五级:公共部门与私人部门皆承认革新动力的重要性。城市表面上已经能够培养"创意者",让他们大多能在其所处的环境中实践其抱负。在策略层次上强调整合性的思考,其充分表现针对多元目标而设定的创意计划,像结合社会、文化和经济等目标的生态环境创新活动等。有助于活动的促进结构是散布在五个领域中,从观念建立到生产、物流、传递机制和扩散。城市或是城市里的某一地区已有能力与国外建立稳固可信的联系,而不用透过中心城市或是国家组织。创意工作者在这个地区生活与工作,其所创造的价值大多数回馈到地区,例如透过地方的生产能力或是管理与行政组织的服务等方式。研究和反思能力已在大学中建立起来,创意的发动和周期循环得以维续而且不断更新。此一地区吸引创意人才,但是仍然缺乏一些高级的资源,让它发挥终极的潜力。政治结构安定平和,广纳新观念并且建立发展策略的重点。

第六级：城市地区成为全国和国际知名的创意中心。它自己本身的优势即足以吸引创意人才以及专业人士。实际上拥有所有的设施，并且几乎是自给自足。重要研究机构总部或创新公司在此设立。城市是以文化的生命力与活力著称的地方，因而吸引来自世界各地各部门有想象力的人前来。城市已经能够轻易地为本身提供大多数的附加价值服务。

第七级：一个实际上完全自给自足的地方，已建立有效率的自我更新、自我批判和具反思的创意等发展循环周期；城市是一个吸引创意人才的地方，并且能为自己不断增强创造附加价值。拥有高水准的设施与国际的旗舰店，以及所有类型的必要专业服务。城市是一个众部门的策略决策中心，并且提供最好的活动，有能力在国际的水平上跟任何城市同等竞争。

2.5 创意城市构成要素

2.5.1 三因素说

霍斯珀斯（Hospers,2003）认为有三个要素能增加城市创意形成的机会，即集中性（Concentration）、多样性（Diversity）和非稳定状态（Instability）。集中度能够带来人们信息交流和社会交互所必需的集聚效应，从而使得城市中出现创意的可能性大大增加，但所谓的集中并不仅仅体现在人口数量上，交互的密度（Density of interaction）更为重要。多样性不仅仅是城市居民的个体差异，还包括他们不同的知识、技能和行为方式，甚至扩展到城市不同的意象和建筑。多样性能够带来动力，使城市生活更加繁荣，而这正是创意城市产生的丰厚土壤。此外，霍斯珀斯发现一些处于危机、冲突和混沌时期的城市却展现出极大的创意。因此非稳定状态也是引发创意的不可或缺的基本因素。

2.5.2 "3T"与"3S"说

佛罗里达（Florida,2003）认为构建创意城市的关键是"3T"理论：即技术（Technology）、人才（Talent）和包容度（Tolerance）。他认为这三个要素中的每一个都是创意城市的必要条件，即为了吸引有创意的人才、产生创意和刺激经济的发展，一个创意城市必须同时具备这三者。

1）技术

技术是一个地区的创新和高科技的集中表现。强大的技术创新能力为城市和地区的经济发展提供源源不断的新产品、新工艺、新理念及新创意。技术是创意城市持续发展的不竭动力。在从内容创意到产品销售的过程中，高水平的技术创新能力和设备支持是保证产品价值链上高附加值和产品高利润的重要因素。

2）人才

人才即人力资本，是指那些获得学士学位以及更高学位的人，即所谓的创意阶层（Creative Class）。佛罗里达把创意阶层分为"具有特别创造力的核心人员"和"创造性的专门职业人员"两个部分。前者包括科学家、大学教授、诗人、艺术家、演员、设计师、建筑师、作家、编辑、文化人士、咨询公司研究人员以及其他对社会舆论具有影响力的各业人士；后者包括高科技、金融、法律以及其他各种知识密集型行业的专门职业人员。

3）包容度

包容度是指一个城市或地区的开放、包容和多样性。包容的文化社会环境，对于吸引创意人才和创意企业具有至关重要的作用。具有开放、低门槛的城市和地区，能吸引各地的人才前往创业和生活，刺激城市经济的繁荣。而包容性和多样性有利于容纳不同文化背景、不同种族和生活态度的有识之士，活跃当地文化环境，提供滋生创意的肥沃土壤，从而产生更多的创意，实现当地经济、社会和生态的良性循环。

但是格莱泽（Glaeser，2004）认为佛罗里达的"创意资本"理论与传统的人力资本理论并无差异，并且否认后者提出的"波西米亚效应"。他坚持真正有效的因素并非是佛罗里达的3T，而是3S——"技能、阳光和城市蔓延"（Skills，Sun and Sprawl）。

2.5.3 七要素说

兰德里（Landry，2000）认为：创意城市的基础是建筑在下列七大要素之上的，即人员品质、意志与领导素质、人力的多样性与各种人才的发展机会、组织文化、地方认同、都市空间与设施、网络动力关系。通过这些要素，营造出兰德里所谓的创意环境（The Creative Milieu），让创意在最适宜的环境中成长繁盛。

概括起来，本书认为：创意城市至少需要满足三个条件，一是社会文化的多元性和开放性，它可以促进创意人才、企业和创意产业的交流、融和;二是城市产业发展能提供足够的发展机会;三是创意城市还必须具有能够吸引创意阶层的高品质生活环境。

2.6　创意城市的形成

霍斯珀斯(Hospers,2003)认为,人为地制造创意或者"构建"知识密集型城市只是一种幻想。莫玛斯(Mommaas,2004)也指出,许多著名的创意地区如巴黎的蒙马特和左岸(Rive Gauche)、纽约的苏荷区(So-Ho),它们从来都不是规划出来的。但是我们可以通过以下一些策略来培育创意环境、增加创意产生的机会,从而促进创意城市的形成。

2.6.1　空间认知策略

霍斯珀斯指出城市形象在知识经济时代成为吸引企业和人才的关键因素。即使某个城市拥有了创意的基本要素,但它最终只有被人们认可才能成为创意城市。积极的形象建设策略如城市营销(City Marketing)或城市标志(Branding)等,能够显著地提高城市的声誉和知名度。莱斯利(Leslie,2005)也指出,在新自由主义和城市竞争加剧的时代,各个大都市区和城市争先恐后地标志自己为"创意城市",以显示自己与众不同并推销自己。越来越多的城市认识到不仅仅要投资基础设施,还要努力加强对外交流、树立城市声誉,发挥它们的吸引力和创造力。

2.6.2　文化产业策略

创意与文化密不可分,兰德里(Landry,2000)就认为文化机构是创意的来源。目前许多城市的"创意城市"策略与规划其内容都与加强艺术与文化的品质有关。这些城市将注意力放在培养创意产业上,例如广告、建筑、艺术、工艺、设计、时装、电视、广播、电影、录像、休闲互动软件、音乐、表演艺术、出版与软件设计。同时,兰德里还指出,这些文化艺术策略并不是"创意城市"的项目的全部,只不过是其中的一部分。事实上,规划师如果将艺术思考自行结合到交通工程以及城市设计中,将会是一件很棒的事。

2.6.3　硬件设施策略

在当今开放的全球化市场中,人才与资本的流动性都大大增强,如何吸引并留住具有创意才能的人,是各个城市日渐关注的议题。佛罗里达(Florida,2002)提到,多数专家和学者还未开始根据创意社区来思考。相反,他们趋向于仿效硅谷模式,但是如今的硅谷被认为是冷漠、无趣的地方,由于其缺乏愉悦的生活方式和宜人的生活环境,正在明显影响着吸引创意阶层前往该地。硬件设施策略,就是根据创意人才的需求,加强基础设施和便利设施建设,为创意人才提供例如舒适、安全、生态的人居环境,丰富的文化设施和城市公共生活,富有特色而又精致的城市建筑和空间,便捷的信息网络,等等。

3 城市空间与创意空间

3.1 城市空间概念

"空间"的概念，源自于拉丁文的"Spatium"，"在日常三维场所的生活体验中、符合特定几何环境的一组元素或地点；两地点间的距离或特定边界间的虚体区域"（见 *American Heritage* 词典）。显然，空间的客观规律涉及了生活体验相关的城市化空间、空间感知和空间的特定构成方式等问题。

城市是人类文明的集中体现。长期以来，人类都在从事城市空间的创造，但明确地以空间的概念来分析和认知城市的实体环境和抽象组织特征，是从 20 世纪中叶塞维（2006）提出"空间乃建筑的本质"开始的。其后，经过大批西方学者从不同的角度对城市空间进行研究，人们逐步认识到：城市空间组织模式本质上是取决于城市物质空间环境与在该环境中人的社会、经济、文化活动的相互作用，城市空间包括物质、生态、社会、感知和认知等多种属性，一个完整的城市空间概念应该包括城市空间、城市空间结构和城市空间形态。

3.2 城市空间的理论研究

城市空间是城市研究的最基本问题和重要领域。纵观城市发展历史，与城市相关的几乎所有学科都有涉及城市空间的研究，其中建筑学、城市规划学、人文地理学[①]等学科对城市空间的研究尤为重视。城市空间的理论体系非常庞大，相关成果层出不穷，其分类方法也很多。

段进（1999）从空间发展和空间规划两个方面对城市空间研究进行论述，并从空间发展的深层结构、基本规律、形态特征等三方面入手，系统归纳了城市空间发展的相关理论。张庭伟（2001）在分析 20 世纪 90

---

① 广义的人文地理学包括经济地理学、社会地理学、历史地理学、行为地理学、景观地理学等学科。

年代中国城市空间结构的变化及其动力机制时,把城市空间理论分为经济学理论、社会学理论、文化—政治学理论、政治经济学理论四种。谷凯(2001)在总结西方城市空间理论时依据研究对象和研究方法的不同,分为城市历史研究、市政规划分析、城市功能结构理论、政治经济学的方法、环境行为研究、建筑学的方法和空间形态研究,并在文章结尾处进一步归纳为形态分析、环境行为研究、政治经济学研究三类。黄亚平(2002)把城市空间理论分为城市空间分析理论与解析理论两种,其中分析理论又分为城市物质空间、城市社会空间两类,解析理论包括有德国"古典经济学"空间结构理论、新古典主义学派的城市空间结构理论、交通与通信技术的影响、空间分析学派的城市空间结构研究、"政治经济学"的城市社会空间理论、结构化历程学派的空间结构理论六类。此外,孙施文在其编著的《现代城市规划理论》(2007年)中全面而系统归纳了西方城市空间及其规划的相关理论内容。

3.2.1 基于实体要素的理论研究

实体要素方向的研究是基于对城市空间物质形态的认知与分析,包括城市构图理论、空间形态研究、城市历史研究、市镇规划分析、建筑学等。城市构图理论是以城市整体形式为出发点,探讨城市空间各组成要素间的艺术处理原则与城市空间形式美的规律。对于城市物质空间演化过程的研究,较早的是1936年德国地理学家哈伯特·路易斯(Herbert Luis)根据他对柏林的研究,提出的城市边缘带概念。路易斯从城市形态的角度分析了边缘带的基本特征,同时也揭示了地理意义上的城市物质空间形态的演化过程。施梅莱斯(Smailes,1966)的研究工作表明,城市物质形态的演变是一种双重过程,包括向外扩展(Outward Extention)和内部重组(Internal Reorganization),分别以"增生"(Accretion)和"替代"(Replacement)的方式形成新的城市形态结构。替代过程往往既是物质性的又是功能性的,特别是在城市核心地区。

有关城市形态的历史性演变,英国学者马歇尔(Marshall,1966)分析了英国城市发展六个阶段的一般空间模式。此外,西方著名城市研究学者斯乔伯格(Sjoberg,1960)、芒福德(2005)、拉姆森(Ramussen,1986)、吉尔德恩(Giedion,1967)、培根(Bacon,1976)和科斯托夫(Kostof,2005)等对传统城市研究做出了主要贡献。他们的著作除了详尽地描述了西方城市历史形态演变过程之外,还讨论了引起形态变化的原因。

国内学者对于城市空间形态的研究较为丰富。田银生、陶伟(1999)曾研究了西欧城市形态的历史性演变,提出10世纪至20世纪西方城市空间经历了封闭型、构成型、功用型、开放型四种形态。李明(1997)总结了城市构图理论的三种流派,构成派、印象派和多元探索,并指出城市构图理论是研究现代城市形式和形态的基础。梁江等(2003)从与地形的结合、对城市空间的塑造、土地再分等方面对方格网城市进行了重新解读。王农(1999)综合论证了城市形态与城市文化之间的相互关系,认为这种研究有助于正确地把握城市的功能框架以及该地域内统一的文化特征。王建国(2003)分析了历史上部分中外城市空间轴线的缘起、发展、构成方式、空间特色及其与城市形态的关系,对城市传统空间轴线在当代的继承和发展进行了研究。易晖(2000)分析了国内上海、广州等大城市单中心、圈层式结构模式对于城市发展的不利影响,提出了一种新的城市空间结构模式——开放式的组团多核心结构。此外,林耿(2001)、王冠贤等(2002)研究了微观形态的城市空间演变,从另一个层面深刻地揭示了城市发展的本质特点,反映出城市宏观形态与局部社会结构之间的联系。

3.2.2　基于经济学和技术手段的理论研究

关注于经济学和技术手段的城市空间理论研究包括区位论、新古典主义学派、行为学派以及空间分析学派等。杜能(1986)于1826年提出的农业区位论被认为是西方城市空间机构研究的开端,其理论主要探讨在某特定区位寻求最佳的土地利用方式。韦伯(1997)继承了杜能的思想,在20世纪初叶发表了两篇名著《工业区位论:区位的纯粹理论》和《工业区位论:区位的一般理论及资本主义的理论》。韦伯得出三条区位法则——运输区位法则、劳动区位法则和集聚或分散法则。他认为运输费用决定着工业区位的基本方向,理想的工业区位是运距和运量最低的地点。除运费以外,韦伯又增加了劳动力费用因素与集聚因素,认为由于这两个因素的存在,原有根据运输费用所选择的区位将发生变化。德国地理学家克里斯塔勒(Walter Christaller)在其名著《德国南部中心地原理》一书中将区位理论扩展到聚落分布和市场研究,认为组织物质财富生产和流通的最有效的空间结构是一个以中心城市为中心的、由相应的多级市场区组成的网络体系。在此基础上,克里斯塔勒提出了正六边形的中心地网络体系。此外还有霍特林(Harold Hoterlling)于1929年发表的空间竞争和竞争性差异理论。西方的文献将上述理论奉为四大经典区位论。

以艾伦索（Alonson，1964）、迈尔（Mill，1967）以及墨思（Muth，1969）为代表的新古典主义学派注重对空间经济行为的研究，研究城市土地使用的空间模式。其中艾伦索的研究最有影响，他运用新古典主义经济理论解析了区位、地租和土地利用之间的关系，对城市土地在不同活动中进行分配提供了一基本框架。在20世纪70年代，新古典主义的区位理论还被广泛应用于公共设施选址的优化分析中。

行为学派关注于交通、通信技术与城市空间结构之间的关系。盖伯格（Guttenberg，1960）把"可达性"作为城市空间发展的一个核心概念，他认为城市结构与成长发展可用"可达性"来解释，并称之为"社区居民用以克服距离的努力"，运输条件的好坏直接与城市空间的集聚或是分散相关，因此，运输系统掌握着城市成长的命运与方向。富利（Foley，1964）、韦伯（1997）于1964年试图将城市空间结构内涵进一步发展和完善，韦伯提出的人类行为互相影响理论，把城市看成是"在行动中的动态系统"，认为形成城市土地空间布局的过程与交通、居民、货物、信息等因素的交流以及经济活动、社会活动等活动区位的影响密不可分。布鲁切、牛顿、霍尔等（Brotchie et al）于1985年提出技术变化与城市发展的结构模型，认为人类城市在资源利用、技术发展以及社会需求等层面上的进步，势必导致城市区位决策方式的改变。总的说来，行为学派将空间视为人类相互交流、相互影响下的空间模式，认为城市空间将随着世界范围的科技进步、生产力发展而发生改变，由于其强调了空间动态性的过程，在实践中与现实世界较为符合。

空间分析学派的城市空间结构研究代表人物为布莱恩·贝里（Brian Berry），他大量借用数学、自然科学、经济学乃至社会学的理论和方法建立空间模型，进行城市空间结构演变规律的模拟分析研究。空间在此已经成为数学上的抽象空间，这些空间内的人及其活动也仅仅是一种物质性的客观存在。

国内学者关于中国城市的经济空间结构研究始于20世纪80年代初。徐放（1984）、宁越敏（1984）等围绕商业中心的范围、分类、等级体系、影响因素等几个方面，探讨了北京、上海、广州、长春等大城市市区商业中心的区位问题。阎小培等（1999）、许学强等（2002）研究了广州城市空间的功能特征与空间结构。邵德华（2003）对传统土地使用制度下城市空间结构存在的土地利用结构不合理、空间布局混乱等问题进行了深入研究，为城市土地储备制度建设和城市空间结构的整合提出了相应的建议。在城市土地扩展、土地利用与城市形态研究方面，崔功豪、武进（1990）以南京、苏州、无锡、常州等城市为例，探讨了中国城市边缘区的发展过程、社会经济特征、用地形态和空间结构的基本特征及其变化。顾朝林等（1994）对大城市边缘区的经济功能、经济特征、经济特性以及城市边缘区土地利用特性和地域空间特性进行了深入的探讨。黎夏、叶嘉安（1999）和史培军等（2000）分别利用遥感有效地监测和分析了东莞市和深圳市的城市扩张过程。刘盛和等（2000）采用 GIS 的空间分析技术，对 1982—1997 年北京土地利用扩展的时空过程进行了空间聚类和历史形态分析。还有一些国内学者对技术进步与交通条件对城市空间的影响进行了研究。杨萌凯、金凤君（1999）探讨了自 19 世纪以来，城市交通工具和交通设施经历的五次创新活动及相应背景下的城市空间形态演变过程。邱建华（2002）从不同时代的交通方式下的城市空间结构入手，逐一分析了交通方式对城市道路网形式、城市空间尺度与城市形态的影响。

3.2.3 基于环境行为研究的理论研究

在环境行为研究中客观科学的方法代替了旧的个人直观的行为研究传统，研究者的理论著作改变了现代规划与设计的教育和工作方法。在林奇（2001）花费了五年时间研究人们在穿梭于城市中时，如何对城市空间信息进行解读和组织，林奇提出心理地图（Mental Map）的方法用来反映个人对环境的感知，通过使用道路、边界、区域、节点和标志物这五个城市形体环境要素来分析环境心理趋向。他同时使用"可识别性"来描述环境特质，好的建筑环境使居民感觉舒适、亲切。林奇强调好的城市形态还应该包括：活力与多样性（包括生物与生态）、交通易达性（开放空间、社会服务及工作）、控制（接近人体的空间体量）、感觉（可识别性）、灵活性和社会平等一系列要素。拉波波特（2003）、洛赞诺（Lozano，1990）和特兰西克（2008）讨论了人对特定建筑环境的行为反应，分析了现代城市问题多出于"逆城市"和"逆人"的作用力。基于这个观点，他们建议城市发展演变应与当地生活方式及文化需求相适应，强调设计应与环境相协调，即"环境行为"的方法。

舒尔兹（1990）提出"存在空间"（Existence Space）理论，从任何空间知觉均有其意义作用，因此必须与更稳定的图示体系相对应这一认识出发，论述了人在世界上为自身定位所必需的基本空间概念，从而导出了"存在空间"这一概念，即比较稳定的知觉图式体系，亦即环境的"意向"

（Image）。奥斯卡·纽曼（Oscar Newman）在《可防卫空间》（*Defensible Space*）一书中把居住环境与犯罪行为和心理联系起来作为系统研究。比尔·希列尔与其同事朱莉安·汉森合著《空间的社会逻辑》论述了建筑物的形体安排对空间利用的社会行为和人们社会关系秩序的影响，认为空间安排可以强化或弱化某些类型的社会现象。

　　国内对环境行为的研究主要集中在实证性研究方面，他们对研究地域内的市民行为进行定性分析，以此作为城市空间发展的决策依据。于一丁（1991）以国内湖北安陆市和浙江金华市为例，从物质进出与心理行为、传统基础与心理行为两方面论述了城市空间扩展过程中的居民心理行为，提出城市居民的心理行为分析是城市空间扩展决策的一个重要依据。杨滔等（2001）运用环境行为学方法，通过定量、定性的统计分析，对清华大学校园内部分院落的空间组织、建筑元素的意义等与环境行为进行了调研。秦学城（2003）以宁波市为例，从空间类型、空间要素、空间结构与形态等方面系统探讨了城市游憩空间结构。张磊等（2004）从环境心理学的角度出发，调查分析了上海市多伦路作为城市开敞空间的实质环境、社会因素、个人因素和情境因素及其对人们在城市开敞空间中的行为影响。此外，一些学者将环境行为的研究方法引入城市设计的过程中，为新的设计方法与原则的建立提供理论基础。秦尚林（2000）将环境心理学和原型理论与城市设计相结合，力图使其有助于改变抽象指标和功能主义影响下的空间设计及空间评价方法，促进城市空间人性化。陈力、关瑞明（2000）分析了人类行为在城市公共空间、街道空间、居住建筑空间以及城市文化环境的塑造中的重要作用。汪丽、王兴中（2003）研究了当前国外对居民的城市心理安全空间研究的最新进展，并且提出根据居民对邻里社区心理安全空间的认知因素构成，邻里社区的安全空间规划可从中心安全地域与过渡空间的规划、自然监督的规划、正常通道的管理与建设、领土行为策略与设计、灯光的使用计五个方面入手。一些先进的研究方法也在行为分析过程中得到了应用，例如王海清等（2003）研究了利用 GIS 的技术手段，辅助确定相邻行政区域之间行政分界线的一个空间行为过程，以空间行为过程模拟的方法来实现 GIS 辅助行政划界的功能。

　　对于"城市意象"概念的研究是国内理论界的热点之一。罗佩（1998）、刘颂（2004）、刘怡等（2004）分别提出运用城市意象的分析方法来解决城市地方特色与文化内涵的缺失问题，并对当前城市中的"国际化"、"复古热"、"人造景观"等诸多不正常现象进行了剖析。顾朝林、宋国臣(2001)对城市意象也进行了较多研究,其中在《城市意象研究及其在城市规划中的应用》一文中从结构性意象研究和评估性意象研究两个方向,对城市意象及其在城市规划中应用的若干研究成果进行了综述,并在其他著作中通过照片辨认和认知地图调查对北京城市意象空间进行了探索性的研究。近年来,这种研究还有从宏观走向微观的发展趋势,研究的对象包括城市空间的某一个种类,例如左辅强(2000)对城市广场空间的研究、付军等(2003)对高科技园区景观特征的研究、罗小未(2001)对上海天地广场作为一种旧城改造模式的评价,等等。

3.2.4 基于文化和社会因素的理论研究

基于文化和社会因素的理论研究通常关注文化、政治因素和相关的社会组织在"城市化过程"(Urban Process)中的作用,通常采用定量的方法进行理论的分析研究。芝加哥学派的"人类生态学"理论,从城市社会学角度研究城市空间。早期的古典人类生态学理论形成于20世纪初,兴盛于20世纪二三十年代,代表人物为帕克(Park)、伯吉斯(Burgess)、麦肯齐(Mckenzie)等。帕克(Park,1984)等人在吸收了19世纪欧洲社会和生态学家,如达尔文(Darwin)、斯宾塞(Spence)等的研究思想,并深受20世纪初在美国兴起的动植物生态学研究理论的影响,形成了人类生态学的研究方向。其标志性的著作是《城市》,明确提出了社会和城市研究的人类生态学方向。他们的研究集中在"当时大量的欧洲移民和乡村人口迁移造成美国城市迅速扩张引起的社会变化"上。首先,帕克等人运用一些生态学概念,如演替、竞争、新陈代谢来描述人口迁移的不同阶段的社区功能和社会秩序,并提出一些社会无序的标志,如疾病、犯罪、疯狂与自杀等;其次,该学派将城市看成一个封闭的功能系统(社区),这一功能系统可以视为有机体,特别关注有机体的时空变化特征。在这方面,其突出的贡献在于伯吉斯构造的理想城市模式——同心圆结构,将其应用于芝加哥的城市结构分析。麦肯齐对这种结构形成的解释是,移民的迁入过程中,城市的内部结构不断地进行调整,特定的文化群体和阶层在城市内进行着集中与分化过程,最终形成城市有机体的空间结构。

进入20世纪40年代,古典人类生态学理论由于单纯强调人类社会的"生物性"而遭到批判,新的人类生态学理论层出不穷,其基本的理论特点为:把城市当成一种文化形式,强调文化社会因素的互相依赖关系。

豪利(Hawley,1950)于 1944 年提出人类适应环境的四个生态原则：互赖、关键功能、分化、支配。费尔(Firey,1945)认为空间具有文化、情感及象征意义，区位活动不应只是经济取向，而应有情感及象征意义，而情感及象征意义反过来会影响区位活动的运作。邓肯(Duncan,1961)提出生态结构(Ecological Complex)概念，认为人口、组织、环境、技术四个元素共同作用组成的结构，是一个可用来界定描述生态系统过程中许多不同组群之间关系的简单方法。还有威尔斯(Wirth)于 1938 年提出的都市主义理论，哈里(Hawley)、齐美尔(Simmel)和沃斯(Wirth)试图从文化模式的角度把城市的空间特征和人口特征与城市中的社会关系模式联系起来。

1960 年代以来，城市社会地理学界对于城市社会空间分异的研究得到了发展，珍妮特(Janet,1969)等对于美国当代的社会空间分异现象进行了研究，通过大量统计结果分析表明，决定现代工业化城市居住分异的主要因素为以下三方面：社会经济地位、生命周期和种族状态。莫迪(Murdie)采用演绎分析方法对加拿大多伦多的居住空间结构进行了实证研究，并构建了三大模型基础上的城市结构理想模式。20 世纪七八十年代，掀起了一股"绅士化"(Gentrification)现象的研究热潮。绅士化这一概念最早由英国学者格拉斯(Glass)提出，主要指中产阶级家庭进入贫困下层阶级社区的过程，在这个过程中，曾经破败的住宅的质量得以提升，中产阶级逐渐取代原先的工人阶级和低收入阶级，从而改变了社区的社会结构。

同样始于 20 世纪 60 年代，类型学(Typological Studies)与文脉研究(Contextual Studies)从文化的角度对城市空间理论进行阐释。欧洲一些建筑师认为人类的文明史为人们提供了丰富的建筑类型。意大利的格拉西(Grassi)认为建筑问题的关键在于对这些类型进行集合、排列、组合和重建(组)。罗西(Rossi)则认为一种特定的类型是一种生活方式与一种形式的结合。罗西、格拉西等人的类型学方法就是对历史上的建筑类型进行总结，抽取出那些在历史中能够适应人类的基本生活需要，又与一定的生活方式相适应的建筑形式，并去寻找生活与形式之间的对应关系。由于类型学关注于建筑和开敞空间的类型分类，解释城市形态并建议未来发展方向，类型学的方法在欧洲与北美的建筑设计及城市景观管理中得到了广泛的应用。

文脉研究则注重于对物质环境的自然和人文特色的分析，其目的是在不同的地域条件下创造有意义的环境空间。文脉(Context)一词，最早源于语言学范畴。它是一个在特定的空间发展起来的历史范畴,其上延下伸包含着极其广泛的内容。从狭义上解释即"一种文化的脉络",美国人类学家克罗伯等(Kroeber et al,1952)指出,"文化是包括各种外显或内隐的行为模式,它借符号之使用而被学到或传授,并构成人类群体的出色成就;文化的基本核心,包括由历史衍生及选择而成的传统观念,尤其是价值观念;文化体系虽可被认为是人类活动的产物,但也可被视为限制人类作进一步活动的因素"。克莱德把"文脉"界定为"历史上所创造的生存的式样系统"。文脉研究在艾普亚德(Appleyard,1981)、卡勒恩(Cullen,1961)、克雷尔(Krier,1964)、罗等(Rowe et al,1983)和赛尼特(Sennett,1990)著作中被广泛讨论。其中最有影响的概念是卡勒恩的"市镇景观"(Townscape),这一概念的建立基于两点假设:一是人对客观事物的感觉规律可以被认知,二是这些规律可以被应用于组织市镇景观元素,从而反过来影响人的感受。通过分析"系列视线"(Serial-vision)、"场所"(Place)和"内容"(Content),卡勒恩指出,英国20世纪五六十年代的"创造崭新、现代和完美"的大规模城市更新建设与富有多样性特质的城市肌理(包括颜色、质感、规模和个性)相比较,后一种更有价值和值得倡导。

20世纪60年代以后,随着资本主义社会矛盾的不断激化,马克思主义政治经济学在社会科学领域的影响日益显著,所以结构学派(The Structural Approach)又被称为新马克思主义(Neomarxism)。从20世纪70年代中期开始,结构学派在城市空间和区域的理论研究中颇有建树。正如梅西(Massey,1984)所指出,结构学派对于新古典主义学派及其改良的行为学派的挑战不仅是在方法论上而且是在认识论上,不仅是在理论上而且是在理念上。结构学派认为,社会结构体系是个体选址行为的根源,资本主义的城市问题是资本主义的社会矛盾的空间体现(Gary,1975)。因此,城市研究理论必须把城市发展过程与资本主义的社会结构联系起来,其核心是资本主义的生产方式和资本主义生产中的阶级关系。作为资本主义生产方式的产物,资本主义城市的空间形态是资本主义社会关系再生产的必要条件。在论证资本主义的城市形态与资本再生产的关系时,哈维(Harvey,1973)分析了各种资本通过投资、建造和使用城市物质环境,获取剩余价值和实现资本积累。在产业区位研究中,结构学派强调资本主义生产中社会关系的空间构成。资本主义生产的组织方式及其相应的空间格局导致劳动分工的地域差异,实质上是资本主义生产中社会(劳资)关系的空间构成(Massey,1984)。在经济结构重组的过程中,资本的每一次流动都会带来新一轮的劳动力地域分工,这是地域的生产条件与资本的生产要求之间相互作用的结果,从而在各个地域形成特定的社会(劳资)关系构成,是城市演化的一个重要的机制。福尔贝尔等(Forbel et al,1980)认为,20世纪70年代以来,劳动力的国际分工发生了根本性的变化,产品市场与生产方式的全球化直接导致了资本主义城市物质与社会城市空间结构的变化,内城衰退就是其中的一个例证。20世纪80年代以后,结构学派不断壮大,继续形成许多新的理论,如保罗(Paul)、瑞克斯(Rex)和摩尔(Moore)的城市管理主义学派,卡斯特(Castells)的城市危机—集体消费—社会结构的表现以及跨文化的都市变迁理论,斯科特(Scott)的工业—城市区位论等。总体而言,结构学派主要运用结构主义和结构马克思主义的哲学基础和方法论去分析西方社会的城市空间问题,它从全球世界体系、全球分工的宏观角度出发,基于政治、经济和社会文化过程来阐释空间发展的要素。

国内学术界对中国城市社会空间的研究始于1978年之后,此时西方的相关理论和研究方法,如芝加哥学派、空间分析技术(GIS)、因子生态分析等不断被引入国内;而1984年的"三普"调查为城市社会空间"宏观性"的社区聚类判别分析提供了基础数据,如许学强等(1989)对广州市社会空间的经典研究等。从城市社会空间研究的学者分布来看,城市地理学者占多数,鉴于地理学强于"空间分析"而弱于"内在机制(尤其是社会、经济、制度等层面)"的探究,这一时期类似的实证研究颇为丰富,却仅仅得出了某一个城市的某一时间断面静态性的社会空间结构。除此之外,当时出于社会主义意识形态的顾虑,社区被笼统地划分为"农民居住区、工人居住区、知识分子居住区以及旧城区混合功能区"等类型,土地利用取代了社会阶层分化,且忽略(或有意忽视)了同一阶层(阶级)内的社会空间分异,尤其是不同级别、不同行业单位之间的空间差异。

1987年,市场经济体制的确立打破了"社会主义"意识形态的束缚,1992年政府正式确立"建设社会主义市场经济"的目标,这表明市场机制所必将导致的社会阶层分化被默许;20世纪90年代后期国有大中型企业改革或改制,大量工人下岗,计划经济体制下的以工人为主体的"单位制空间"出现分化,1998年国家取消福利分房政策,实行住房商品化。城市社会分化(Social Stratification)和居住分异(Residential Differentition)耦合并建构新的社会空间。2002年开始,"封闭性社区"(Gated

Community)、下岗工人社区、农民工社区、"城中村"、城市贫困等敏感问题逐步得到研究,而全球化的深入又加强了国内学者对于中国与西方、东南亚等国家或地区城市的比较研究。城市社会空间研究正从"结构描述"向"机制阐释"转变,但社区的统计数据以及"典型"社区的研究仍是深化社会空间研究的新视野。

3.3　城市空间分类

在 20 世纪 30 年代,《雅典宪章》将城市简要划分为四大功能:居住、工作、游憩和交通,并提出了这四大主要功能要素的配置方案。但随着新的功能因子的不断出现,原有的划分及其局限性和随之产生的不适性日益凸现,城市的功能要素的类型及其空间分布情况也越来越复杂,《马丘比丘宪章》和《北京宪章》都是为了适应这种新的功能要求的背景下而产生的。下面主要从城市的几个主要功能空间对城市空间的内在机制进行分析。

3.3.1　居住空间

住房是构成城市地域的最基本的物质基础之一(图 3-1)。居住是城市最基本的职能之一。城市居住空间格局深刻地反映着城市地域上的社会经济状况。居住空间格局的影响主要由住房需求和住房供给两大利益集团相互决定。这两方面相互作用决定城市居住场所的选择和居住群体的变迁,导致城市内部居住分化,形成城市居住空间结构。居住分化无论在哪个时代和哪个城市都是存在的。历史上,中世纪欧洲城市以权力和阶级来分区居住,日本的近代城市也是贵族和平民分布在城市内部核心和外围。但随着社会的进步和经济的发展,居住分化呈现出不同的形式。总体看来,居住分化在城市中总的趋势是不断增强,且越来越复杂化。

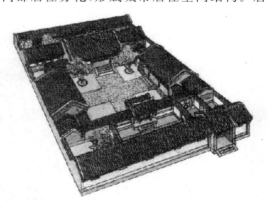

图 3-1　四合院示意图

另一方面城市居住空间的形成和变化又取决于城市居民的不断变化和迁移,其影响因素也是多方面的,主要可以归纳为主体需求和客体供给两大方面。现代城市中,这两方面都越来越复杂,没有一套完整的理论可以借鉴,只有在市场经济背景下,分析主体和客体的相互关系和制约因素,选择性地研究主要影响因子的变异情况。

3.3.2 商业空间

商业是城市最主要也是最基本的功能之一。自城市产生之初就有军事和商业职能构"城"建"市",形成城市。随着城市的发展,商业功能和结构不断演化,形成现代城市复杂的商业网络体系。

传统商业基本上可以分为批发业和零售业两大基本类型。在空间区位上,批发业和零售业呈现出分离的态势。零售业一般直接与消费者发生联系,批发业则不然,一般与生产单位联系更为紧密,是生产和销售的中间环节。随着经济和社会的发展,批发业逐渐发生变化。首先,现代运输方式的发展,商品运输环节的减少和流通过程的迅速化导致了消费地批发业的地位下降;另一方面,消费者的需求日趋多样化,要求商品的供给能够快速适应需求的变化。其次,经济活动的垂直一体化引起批发业功能发生变化。另外,物流活动表现出向郊外迁移,商流活动则注重信息流和人流的接触面,仍然强势集聚在市中心地带。零售业的接触对象主要是消费群体,贴近需求的主体,受消费主体的选择性影响很大。涉及空间单元有家庭、邻里、社区和城市。如果我们以最小的商业单元——商店作为研究对象,我们就会发现:零售业的空间形态在城市中呈现点状、线状和块状;在城市中心区域呈现为商业板块,自内而外放射为商业走廊,其中夹杂很多个商业网点(图3-2、图3-3)。

图3-2 商场中庭示意图　　　图3-3 商业步行街示意图

3.3.3　生产空间

　　工业化对城市化和城市空间的演化作用自工业革命以来表现出越来越强烈的趋势。但随着经济增长方式的转变,传统工业(制造业)的地位在逐步下降,新的产业形式逐渐占据主导地位,也就是第三产业。随后信息社会的到来甚至出现了有学者称为"第四产业"的信息产业。这些新型的经济增长方式区别于传统的第二产业,主要是更为综合,空间上表现为综合体模式,不再是单纯的生产中心,而是一种融合生产居住休闲的综合体模式,对环境也不再是制约,甚至对环境提出更高的要求。第三产业的空间格局对城市空间演化的影响更为深刻。它按照服务对象来分大致可以分为个人型、企业型和公共型。由于面对的群体特征的不同,空间上为了最有效满足服务对象,必须与特定对象发生密切的联系。个人型服务行业倾向于按人口分布及需求特点来分布;企业型则要求有便捷的交通和最低的成本;公共型空间分布上要求均衡、公平,因此受政策和城市规划的影响较大,不如前两者那样自由。

　　近来兴起的产业园区尤其是高新技术产业园区(图3-4),其凭借快速增长的经济形式和高信息能量源辐射成为城市空间布局上又一主流现象。这也就是所谓的第四产业。由于这种经济形式具有特殊的环

图3-4　某工业园区效果示意图

境特点,以及高素质和高品质等新型要求,使之有别于传统"第二产业"的经济模式和经济观念。其空间布局一般位于城市郊区或城市高速公路两厢等地段。由于这种园区具有智力密集型特点,因此和城市大学的联系甚为紧密,一般依托于城市已有的智力密集地展开。

3.3.4　城市公共空间

城市公共空间是指城市在建筑实体之间存在着的开放空间体,是城市中供居民日常生活和社会生活公共使用的外部空间,是进行各种公共交往活动的开放性空间场所。它包括街道、广场、居住权户外场地、公园、绿地、商业街等,并在功能和形式上遵循相同原则的内部空间和外部空间两大部分。同时,它又是人类与自然进行物质、能量和信息交流的重要场所,也是城市形象的重要表现之处,被称为城市的"起居室"、"会客厅"或是"橱窗"。由于承担着城市中的政治、经济、历史、文化等各种复杂活动和多种功能,它既是城市生态和城市生活的重要载体,也是城市各种功能要素之间关系的载体,而且它还是动态发展变化的。城市居民社会生活多方面的需求和城市的多种功能,导致形成各种类型和不同规模、等级的城市公共空间。按照物质空间划分,城市公共空间又包括街道空间、广场空间、公园空间、绿地空间、节点空间①、天然廊道空间等。

城市公共空间作为城市结构体系的重要组成部分,影响并支配着其他的城市空间。城市公共空间具有下列几方面的特性。

1) 主观性

城市公共空间虽然是客观存在的,但人是空间主体,城市公共空间由人创造,又由人去感受,因此具有极强的主观性,它与城市中不同阶层、不同群体、不同类型的创造者和感受者的社会经历、年龄、性格、文化程度、爱好、当时的心理状态均有关。

2) 多样性

城市公共空间受社会多重因素影响,不同的社会、经济、民族、地域、自然环境形成人类不同的文化、历史以及不同的生活方式和空间形态,直接影响着城市公共空间,形成了城市公共空间的多样性。

---

① 重要的道路交叉形成城市节点公共空间,是街道空间的局部拓展,而重要位置和重点处理的节点空间类型往往形成城市的标志性景观形态。

3）象征性和可识别性

影响城市公共空间多样性的各项因素,在城市公共空间中必然有所反映,形成各自独特的特性,使城市公共空间丰富多彩的同时,也使其本身具有了可识别性。城市公共空间是城市形象的重要表现之处,对城市的形象和整个城市的精神品质具有重要的象征意义。

4）与建筑形态的一致性

建筑是城市公共空间中最重要的因素。作为城市公共空间特性的硬质界面,建筑的体量、形式、质感、风格、色彩、建筑所形成的天际线,对城市公共空间产生最直接、最强烈的影响,造成城市公共空间与建筑形态的一致性。

5）与城市功能分区的统一性

城市公共空间的构成往往根据城市规划的安排形成不同的功能分区,如文化教育区、居住区、商业区、行政区等。不同的功能分区,其建筑的性格不同,使用者在其间的行为活动不同,可形成完全不同的氛围,直接影响到城市公共空间的划分。

6）与民族、地域的密切性

不同民族、地域在社会进步及经济发展上程度不同,也会在诸多方面形成属于自己特有的东西,包括省会习惯、服饰、建筑等,对城市公共空间产生影响,形成具有民族和地域特色的城市公共空间。城市公共空间作为一个城市的象征,往往能体现所处时代的特点和反映所处时代的文化观念和审美心理。

7）与文化、历史的关联性

城市是人类历史发展到一定阶段的产物,是一种文化形象。城市公共空间是城市必不可少的空间类型,是城市生活的重要组成部分。人与人之间的交流成为人们日常生活中不可或缺的生理需求,而公共空间正是城市里人类生理需求得以实现的重要物质依托。城市公共空间的形成是人们长期生活的行为方式和文化积淀的物质表现。

3.4 城市创意空间分类

创意空间是创意城市的功能单元,也是构建创意城市的空间基础。构建和发展创意城市的核心任务就是要通过实际的城市建设活动来吸引创意阶层,推动创意企业的快速生长,合理引导创意空间的选址和布局,并发挥其集聚效应,形成新的产业发展群落,即"创意街区"(Creative

Block)、"创意群落"(Creative Cluster)、"文化产业群落"(Cultural In-dustral Cluster)、"创意产业园区"(Creative Park)等。但我们需要注意的是,由于城市空间的复杂性,创意空间还应包括文化、社会、感知等多种属性。

纵观国内外的诸多创意空间,根据不同的标准,可以将之划分为不同的类型,大致可以有下面几类。

3.4.1 按形成机制分

根据创意空间的形成机制可以分为自下而上型和自上而下型两种。

自下而上型是指创意人员自发集聚而形成的创意空间,多为一些艺术家和设计人员通过市场机制的作用而选择租金低廉的旧厂房仓库区聚集。如美国纽约的苏荷艺术区、北京798艺术区、上海田子坊艺术区等。而自上而下型是指政府主导规划建设而形成的创意空间,通过创意产业的统筹规划,有目的性地在合适的区域设立具有地方特色和产业特色的园区。然而从创意空间的出现到成熟的过程来看,并不能简单地把某一个空间归为自下而上型或自上而下型,很多创意空间一开始的形成具有偶然性和自发性,但在后来发展中,政府的相关支持和政策起到了很大作用,促使创意空间走向成熟。

3.4.2 按所依托的社会资源分

根据创意空间所依托的社会资源来划分,基本可以分为三类:一是依托大学和科研院所等人才密集区而建。如上海同济大学周边的设计创意型集聚区;依托上海市服装研究所、东华大学和上海工程技术学院的以时尚艺术、服装设计为特色的时尚产业园区等。二是由老厂房和仓库区改建而成,如上海的田子坊、八号桥等。通过改造老工业区或旧城区来发展创意产业,促进了城市功能空间的更新。三是完全规划新建的创意空间,如北京的欢乐谷主题公园,上海的创智天地园、海上海、张江文化创意产业基地等。

3.4.3 按使用功能分

根据创意空间的使用功能来划分,有以下几类:一是创作设计型,包括文化艺术创作、工业设计、建筑规划设计、软件设计等。这类创意空间注重文化氛围和创作环境,有创作、展示和交流的场所,并为创作设计人员提供技术支撑、信息咨询和文化设施等服务。如各类艺术村、研发设计集聚区。二是休闲消费型,这类创意空间主要为创作者和观赏者提供交流的平台,即通过营造设计消费性空间,进一步让消费者体验、消费文化。它以营造文化消费环境为主要目的,对内是一般市民的文化消费场所,对外则是国际性的文化消费据点,展示国家创意产业的实力。如上海的新天地、以酒吧餐饮为主要内容的上海同乐坊、北京什刹海酒吧一条街、北京长安街文化演艺集聚区等。三是复合型,它结合了创作型和消费型的功能,强调创作、培训、策划、咨询、休闲、消费等的综合发展。

4 创意城市空间构建

4.1 创意城市建设实践

　　不论是具有雄厚的经济实力、极大的中心吸引力的大都市,还是历史沉淀深厚、极富文化特色,天生具有创意的小城镇,它们关于创意城市建设实践具有一定的共同点。通过对这些城市的剖析,以期为创意城市理论的形成提供有力的实践依据。本书选取六座城市的创意城市建设实践为对象进行研究分析。

4.1.1　英国伦敦:创意产业成为新经济增长点

　　伦敦,英国首都,国际经济中心城市。伦敦位于英国英格兰东南部的平原上,跨泰晤士河,距离泰晤士河入海口 88 km。伦敦的行政区划分为伦敦市和 32 个市区。伦敦市、内伦敦、外伦敦构成大伦敦市(图 4－1)。大伦敦市又可分为伦敦城、西伦敦、东伦敦、南区和港口。伦敦城是金融资本和贸易中心,西伦敦是英国王宫、首相官邸、议会和政府各部门所在地,东伦敦是工业区和工人住宅区,南区是工商业和住宅混合区,港口则是指伦敦塔桥至泰晤士河河口之间的地区。

　　伦敦从一个港口贸易城市发展为世界级的国际经济中心城市,在这一过程中,吸纳历次产业革命的最新成果,率先寻求在产业经济、城市管理、服务配套、资本市场完善等方面的创新路径,推进城市产业结构的演替,提升城市的综合竞争力。

　　1870 年以后,科学技术的发展突飞猛进,各种新技术、新发明层出不穷,并被迅速应用于工业生产,大大促进了经济的发展。这就是第二次工业革命。当时,科学技术的突出发展主要表现在四个方面,即电力的广泛应用、内燃机和新交通工具的创制、新通信手段的发明和化学工业的建立。第二次产业革命的发源地是德国和美国,这两个国家在 20 世纪初分别成为世界第一和第二大工业国。而同时期内,英国则把发展重点放在殖民扩张上,到 1914 年时英国的殖民地面积已占到全世界面积的 1/4。英国在与殖民地贸易往来纺织等传统工业中获得了巨额利润,而忽视了

图 4-1　伦敦行政区及各分区的示意图

新兴工业的发展，逐步丧失了"世界工厂"的地位。此外，第一次世界大战爆发，英国和欧洲其他国家遭受重创，世界经济中心转移到了美国。

　　第一次世界大战后英国债务激增，1914 年为 6.5 亿英镑（314 900 万美元），1920 年增至 78.28 亿英镑（3 804 408 万美元），英国从美国的主要债权国变成美国的债务国。伦敦不再是世界唯一的金融中心，原来在国际市场上起着共同货币作用的英镑受到美元的冲击，利用英镑对世界进行财政剥削的支配地位削弱。

　　在第二次工业革命浪潮的影响下，面对经济地位的不断衰退，20 世纪 20 年代至 30 年代，伦敦兴起了一系列新兴工业部门，如电气机械、汽车、飞机工业等，极大地推进了城市经济的发展。伴随着工业的不断发展，至 1951 年，伦敦制造业就业人数达 140 多万，是当时资本主义国家中工业规模最大的一个城市，占全英国制造业就业人数的七分之一以上。制造业占国民经济的比重为 42%，第三产业占国民经济的比重为 51%。同时，大伦敦的人口达到 819.3 万人，仅次于纽约居世界第二位。至此，进一步确立了伦敦经济、贸易、金融中心的地位。

　　二战后的二十多年，伦敦的制造业部门结构合理，工资相对较高，引进技术和工艺,专业化水平高。在若干工业部门中,伦敦占有相当大的产出份额。自 20 世纪 60 年代开始,伦敦进入了从重化工阶段向后工业化阶段的经济转型,经历了二十多年的时间。

在经济转型的初期(20 世纪 60 年代后期),伦敦原来强大的制造业呈现明显的衰退,相当数量的工厂关闭(直接造成 20 万人失业),部分企业向伦敦之外的地区转移,制造业部门出现大量失业,导致伦敦制造业衰退的原因十分复杂。有些是西方老工业化国家共有的原因,如国际竞争的加强、工厂现代化投资不足导致生产能力下降、特定时期的汇率对制造业出口不利等,但更主要的是发展空间狭小、土地价格昂贵等因素,在产业生产急需大规模空间时,城市有限空间束缚了其扩张。尽管伦敦的制造业整体处于下滑,但仍有一些相当强的高工资、高附加值的产业部门,比如印刷业、高新技术产业以及通信产业仍保持较强的增长势头。随着制造业的衰退,伦敦其他部门的就业岗位也在减少,比如建筑业、公用事业、运输和通信业、配送贸易等部门,在 1973—1983 年十年间减少了 21.8 万个工作岗位。伦敦的就业人口从 1961 年的 430 万人降到 1985 年的 350 万人,出现了整个社会就业减少的局面。随着公司外迁和经济不景气,甚至还出现了城市人口减少的情况。为此,伦敦的经济处于长达二十多年的萧条之中。

但在制造业就业以及整个社会的就业人口处于大量减少的情况下,伦敦的全部服务业就业稳定在 260 万人左右(1978—1985 年)。其中,有些服务部门的就业水平是下降的,特别是运输和通信业;而银行、保险业等就业水平则是上升的。从 1984 年起,基于金融和生产者服务的经济进入一个新的快速发展阶段,一些产业部门的就业比重发生了显著的变化。1981—1987 年,商务服务业就业增加了 30%,个人服务业就业增加 20%,银行、证券业就业增加 13%。服务业就业增加,带动了整个社会就业的增加,在经历了二十五年的就业人口净减少后,首次出现就业净增加。伦敦就业人口从制造业转移到服务业,用了约十五年的时间。1971 年,27% 的就业集中在制造业,68.6% 集中在服务业;到 1986 年,这一比例分别为 15% 和 80%。

首先,这一时期金融自由化、国际化发展迅速,伦敦率先进行金融创新、变革,金融保险业迅猛发展,这不仅使金融保险业成为伦敦最大的就业部门、最大的经济部门,也使伦敦成为全球规模最大的金融中心。伦敦的金融保险业具有鲜明的国际化特征,拥有七十多个国家计五百家银行的分支机构,在世界国际经济中心城市中位居第一。从事金融业的外籍人士占20％。外国股票的交易量(1993年)占世界总量的2/3。其次,伦敦专业服务业发展迅速。专业服务业包括法律、会计、咨询、广告、设计、高等教育、科研、卫生等,这些产业发展与信息社会发展密切相关,这也是金融服务业不断细化分工的结果。第三,伦敦的文化娱乐业发展迅猛。1991年,伦敦文化娱乐团体有11 700个,就业人口超过20万,年收入74.65亿英镑,占伦敦国内生产总值的近6％。文化娱乐业发展一方面是金融服务业、专业服务业分工细化、联系深化的需求,同时,也是伦敦国际化程度提高,外籍人员增加,多元文化融合,城市居民对多样性文化娱乐的需求。

2003年2月,伦敦市长提出的伦敦市文化战略目标是,维护和增强伦敦作为"世界卓越的创意和文化中心"的声誉,成为世界级文化城市。为此,伦敦提出了"创意城市"理念,以吸引需要生活便利的年轻创意人,以留住"酷"的因素(Cool Factor)。

伦敦作为英国的创意之都,其创意产业的艺术基础设施占了全国的40％,英国1/3以上的设计机构都位于伦敦,产值占设计产业总产值的50％以上。据《伦敦:文化资本—市长文化战略草案》的数据,伦敦的文化创意产业年产值达290亿英镑,仅次于金融服务业,从业人员达到52.5万,是第三大容纳就业人口的产业领域。2000年伦敦创意产业人均产值为2 500英镑,几乎是全国人均创意产业产值1 300英镑的一倍(表4-1、表4-2)。

表4-1 1997年和2006年伦敦创意产业增加值比较分析 （单位:百万英镑）

创意产业门类	1997年增加值	2006年增加值	年均增长率（％）
广告	3 400	5 300	5.05
建筑	3 100	4 700	4.73
艺术品和古玩交易	260	490	7.29
电子游戏、软件、电子出版物	9 800	24 500	10.71
时尚设计	280	450	5.41
音乐、视觉与表演艺术	2 700	3 400	2.59
出版	6 500	9 500	4.30
广播与电视	3 500	5 100	4.27
录像、电影与摄影	1 900	3 800	8.00
合计	31 440	57 240	6.88

注:合计最后一栏为前面两个数字相除开9次方再减去1。

表 4-2　1997 年和 2006 年伦敦创意产业就业人数比较分析　（单位：人）

创意产业门类	1997 年就业人数	2006 年就业人数	年均增长率（%）
广告	201 000	230 300	1.52
建筑	95 800	111 300	1.68
艺术品和古玩交易	20 200	21 700	0.80
电子游戏、软件、电子出版物	379 400	631 300	5.81
时尚设计	80 700	118 700	4.38
音乐、视觉与表演艺术	226 300	257 200	1.43
出版	308 500	269 700	−1.48
广播与电视	97 600	109 400	1.27
录像、电影与摄影	64 200	57 500	−1.22
合计	1 473 700	1 807 100	2.29

注：合计最后一栏为前面两个数字相除开 9 次方再减去 1。

尽管伦敦的创意产业与创意经济发展已达到了一定的规模与效果，但要理顺并合理利用支持创意工作的资源并非易事。因此伦敦市长肯·利文斯通设立创意产业委员会，专事评估伦敦的创意产业，并由伦敦发展署挂帅，聚集了来自创意产业的企业执行官、政府官员和文化艺术组织的领袖人物，共同评价城市创意产业的经济潜力，以及可能阻碍其未来发展的主要障碍。包括伦敦艺术界、商界、高等教育机构和政府部门在内的所有与创意产业相关的最高层面人士都积极参与协调支持创意产业的工作。"创意伦敦评估"（Creative London Evaluation）项目的建立，旨在提出有关创意伦敦计划中的创意中心评估投资建议以及评估其他投资计划。2002 年 12 月至 2003 年 5 月，创意产业委员会对伦敦创意产业进行了为期六个月的调查研究。该研究产生了两项重大发现：首先，促使创意产业如此活力充沛的相同创业精神必须贯穿于合作之中。其次，其他政府机构之间的协作对这些项目的成功至关重要。

　　此外，为创建"创意伦敦"，伦敦发展局在许多方面提供了一系列的支持措施。鼓励中小企业的创新活动，为个人与中小企业提供研发基金以促进伦敦的创新能力，推动中小企业创新。2005 年 6 月成立伦敦科技基金促进伦敦高技术产业的发展等。作为创意伦敦计划的一部分,2005年3月设立了"创意之都基金",为伦敦创意产业中有才华的企业家或商人提供原始资本投入和商业支持以激发他们的创意潜力(基金原资产净值达500万英镑,加上私人投资相配套,其资产达到了1亿英镑),并对创意产业从业人员进行技能培训,给予企业财政支持、知识产权保护、文化出口鼓励,这些措施促进了英国创意产业的发展(表4-3)。

表4-3 伦敦政府推出的创意产业基础研究成果相关汇总表

时间	文件名	主要内容
1998年,2001年	创意产业纲领性文件(Creative Industries Mapping Documents)	分析英国创意产业的现状并提出发展战略
1998年	出口:我们隐藏的潜力(Exports: Our Hidden Potential)	研究了创意产业的出口政策与做法
1999年	区域维度(The Regional Dimension)	研究了创意产业的地区发展,将此列为制定创意产业发展政策的依据之一
2000年	未来十年(The Next 10 Years)	从教育培训、扶持个人创意以及提倡创意生活方面,研究如何帮助公民发展及享受创意
2004—2008年	创意产业经济估算统计公报(Creative Industries Economics Estimates)	公布了伦敦历年创意产业产出、出口、就业等统计数据,介绍了产业的发展现状

除了积极发展创意产业,伦敦市政府在城市建设过程中积极塑造具有活力的城市空间。据研究,伦敦的创意活动主要集中于伦敦CBD(中央商务区)的周边地区(表4-4)。在那里,集中了各类休闲、文化、餐饮设施,同时也是尚未成熟的创意产业的家园,年轻的设计公司以及多媒体企业家和艺术家们,一方面为集聚在CBD中的金融、公司总部等生产服务业提供常规的服务,另一方面,他们在这里尝试着提供新的产品和服务,从而成为城市中最具创新氛围的地区。在伦敦的空间发展战略规划中,专门讨论城市中心区功能的重塑,由以商务办公为主体的CBD向以城市活动和活力为核心的CAD(中央活动区)转变。

表 4 - 4　伦敦主要文化创意产业区

产业区名称	位　置	主要产业
泰晤士河南岸文化区	萨瑟克区（Southwark）	艺术表演和展览、旅游观光
伦敦剧院区	北至沙夫茨伯里大街（Shaftesbury Avenue）、南至泰晤士河畔、东至科文特花园（Covent Garden）、西至皮卡迪利（Piccadilly）	戏剧创作、戏剧表演、观光集市
伦敦苏荷区	伦敦剧院区北部	影视、广告、音乐等传媒产业
伦敦国王十字车站战略机会区（King's Cross Opportunity Area）	十字车站站后区及东区	传媒、艺术院校机构
斯皮特菲兹市场区（Spitalfields）	伦敦东区	创意集市

4.1.2　美国纽约：拥有宽松多元的创意环境

纽约位于美国的东海岸、纽约州的东南部，在北纬 40 度、西经 74 度，属纽约州管辖。纽约市还有一个广义的称呼：纽约大都会地区。这个概念除了包括纽约市的五个区以外，还包括康涅狄格州的南部、新泽西州的北部、长岛地区，以及哈得孙河下游地区。

纽约是美国最早成型的大都市之一，这得益于其得天独厚的地理优势。依附哈得孙河、伊利运河，纵深连向五大湖水路的便利交通给纽约带来了廉价的交通运输成本。更为重要的是，纽约港地理位置适中，具有深、宽、隐蔽、潮差小、冬季不冻的优点，这些优势使得纽约港最终成为美洲大陆连接欧洲大陆最理想的商业中心，并因此发展成全世界最繁忙的港口之一，为纽约市的发展提供了强大的动力支持。地理位置的优越性为纽约规模经济的发展提供了可能，这也为纽约发展成为全球金融中心、经济中心、文化中心奠定了坚实的基础。

20 世纪信息经济的腾飞为纽约经济的可持续发展提供了关键的历史机遇。纽约的港口优势吸引了全世界众多移民加入到纽约制造业和服务业中来。一战期间，纽约和霍博肯成为运载美国远征军的主要海港,纽约从战时货币和商务贸易中受惠,一举取代伦敦成为国际金融中心,这在一定程度上促进了纽约城市的快速发展。20世纪30年代的经济大萧条(The Great Depression),使纽约遇到了前所未有的灾难性的经济危机。1932年,纽约1/3的制造业工厂关闭,160万纽约人需要领取各种救济维持生活,整整1/4的人口处于失业状态。但随着经济周期的变化以及纽约市政府的不断努力,纽约通过其在金融、商业服务和公司管理等领域的优势,逐渐从大萧条中复苏,成功度过了这次经济危机,并在拉瓜迪亚市长时代,各项经济数据都有了稳步增长。纽约仍然以绝对优势保持着全球大都市的荣誉。

纽约一直以来都是美国的经济中心和移民中心,正是这两个方面的重要特质赋予了纽约城市文化最基本的底色,形成了纽约城市文化历史的积淀。"充满自信的文明无一例外都是多元的、宽容的,作为'世界文明之花'的国际化大都市无一不具有多姿多彩的文化"。不同文化的冲突与融合创造丰富的城市文化,这些都为文化产业的发展提供了丰富的资源,也是纽约文化产业长期繁荣发展的不竭动力。

第二次世界大战后,美国两次修改移民法案,这在不同程度上增强了纽约的人才高地优势。《1952年移民和国籍法》标志着美国严格、僵化的移民政策开始向宽松、灵活的方向转变。该法案规定,在移民总限额中50%用于那些受过高等教育、拥有美国急需的专业技术和突出才能的移民。在美国历史上,移民美国的技术人士和科学家不计其数,他们不仅在经济上为美国节省了大笔养育费和教育费用,而且提供了丰富的智慧和技术资源,为现代美国的崛起做出了不可磨灭的贡献。1965年的移民与国籍法修订案废除了民族来源条款,把移民限额制度建立在外来移民的国籍基础之上,在比较平等的基础上规定了全世界统一的移民限额标准,从而使美国移民政策进入了一个新的历史时期。该法案更加凸显了美国的自由移居制度,使美国成为更为多元化的国家。这两个移民法案,进一步加强了美国特别是纽约的人力资源优势。稳定增长的人口规模,高素质的劳动力队伍,以及开放的文化环境,是纽约得以成功实现创新和保持创新优势的重要因素。

纽约是制造业城市向后工业城市转型的成功典范。到19世纪末期,在工业革命的推动下纽约已经成为美国的一个制造业中心。虽然有着充足的劳动力和资本,但由于缺乏丰富的自然资源,纽约的制造业是以轻工业为主,其中制糖业、印刷业和服装业是其支柱产业。从20世纪40年代末开始,纽约的制造业衰退趋势逐渐显现,到了70年代衰退程度最为激烈。城市产业结构面临艰难转型的局面，失业率急剧增长，犯罪率也随之飙升，同时伴随着郊区化发展，许多的中产阶级家庭和富有市民搬至郊区，纽约日益空心化，内城逐渐被贫穷的少数族裔所占领，中心区公共基础设施老化、警力不足，纽约逐渐沦为"罪恶之城"。为了拯救陷入衰退中的城市，纽约进行了产业结构调整，开始大力发展以服务导向型为主的第三产业，文化产业便是其中之一，并且逐渐成为纽约最具活力的经济增长集合体。从此，纽约步入后工业城市时代。70年代末，作为国际商务中心、金融中心、公司总部中心的纽约，集聚了面向全球市场最先进、最完备的生产服务业，保持了它在快速发展的全球经济中的神经中枢地位。以文化产业为主的服务型经济模式，不仅提升了纽约的文化内涵、创造了新的经济增长点，也更加彰显了纽约作为国际化大都市的突出地位。90年代，纽约发展成为美国文化产业设施最齐全、人才最集中的地区之一。

在美国纽约，创意部门涵盖了11 671家企业和非营利机构，占全市雇主的5.7%。"创意核心产业部门"①中还包括79 761个体业主，意味着约29%的创意大军是自主创业。近年，纽约已丧失某些产业部门的部分市场份额，但仍是美国无与伦比的创意经济中心，全美8.3%的创意产业部门员工在此工作。近年来，"创意核心产业部门"成为纽约经济最为依赖的增长领域之一。1998—2002年间，纽约市"创意核心产业部门"就业人数增长了13.1%，即3.2万个就业机会；同期纽约全市所有职位增长幅度为6.5%。创意产业新近增加的就业职位大多源自自主创业。2005年从事文化创意产业的雇员为230 899人，比2004年的245 994人减少6.14%，但事业收入2005年为244.81亿美元，比2004年的235.25亿美元增长4.07%。

纽约文化产业有着多元化的发展格局，而在这多元化中又有着几个极具特色和影响力的文化艺术产业区，其中，百老汇表演艺术区和苏荷文化艺术区是纽约文化产业区中较为成功的两个范例。

纽约苏荷区是最早的艺术家集聚区，"苏荷"(SOHO)也因此成为早期创意产业的代名词。苏荷区具体包括纽约下西城，南起坚尼街(Canal

---

① 纽约市在2009年最新发布的创意产业报告中，首次定义了"创意核心产业部门"，即创意内容在产业产出的文化和经济价值中居于中心地位的产业部门，包括创意过程中各阶段(产品理念的产生、产品产出及产品的最初展示)涉及的企业与个人。具体来说，包括广告、电影和电视、广播、出版、建筑、设计、音乐、视觉艺术、表演艺术，同时还包括不在创意产业部门的创意雇员。

Street），北止休斯敦街（Houston Street），西起西部快速路，东到勿街（Mott Street），从沙利文（Sullivan）到拉菲尔街（Lafayette Street），共44个街区，北邻格林威治村，南邻翠贝卡，以百老汇大道为中心，以古老的铸铁建筑和鹅卵石铺就的街道为特色，包括大大小小共计84条街区。全区人口9.3万余人，占整个纽约人口的1％，有住房5.6万单元，住户5.2万户，一半以上为单身住户，住户中近一半为25—44岁间的年轻人。该区的白人和亚裔人口数、受教育程度、人均收入均高于纽约整体水平。

早在1700年，现在苏荷区的地盘为白安德家族的农场，在独立战争结束后市政府在这里修建了百老汇大街，从此这里成为中产阶级的居住区。到1870年，制造业成为纽约的支柱产业，苏荷区由于交通便利、劳动力充足而很快发展成为工业区。到19世纪末，这里建成了很多采用铸铁工艺的工厂。到1910年，由于位于第七大道第34街的宾州车站的建成，在苏荷一带经营零售业及皮毛批发的店铺纷纷转移到靠近火车站的地方。到1928年，苏荷工业区的工厂及商店开始撤出，留下来的只有一些雇员不足10人的小企业，从此，这个大工业时期极为繁荣的社区逐渐开始衰落了。二战后，随着制造业衰退的大趋势，以及苏荷区本身的建筑已经不能满足大工厂的生产流程，大多数工业企业纷纷搬到皇后区、布鲁克林等地区了。随着制造业的衰落，苏荷区也一蹶不振，很少有人愿意在这里投资建厂了，一时间苏荷区出现了大量的工业化时期留下来的空厂房（图4-2）。

随着整体产业结构的调整，纽约逐渐成为美国和世界的艺术中心。据统计，战后全美2/3的艺术家都居住的纽约，每年全美艺术院校大量毕业生来纽约寻求发展机遇，一时间纽约成了艺术家的乐土。而此时在苏荷区有大量的房屋闲置着，这些房屋对于大工厂来说面积太小，而这些未经隔断划分的大空间正好很适合作为艺术家的画室。更重要的是这里的租金比较便宜。画家们发现没有比这里更合适的工作室了，因而这些闲置的厂房被房东转为民房出租给艺术家。经过艺术家的装修，这种大的厂房变成了最流行的居住风格——Loft①。一时间大量艺术家都聚集在苏荷区进行创作。苏荷区就成为那些来纽约寻梦、尚未成名的艺术家的天堂。

---

① Loft在牛津词典上的解释是"在屋顶之下、存放东西的阁楼"。但现在所谓Loft所指的是那些"由旧工厂或旧仓库改造而成的，少有内墙隔断的高挑开敞空间"。

图 4-2　昔日的格林尼治村

　　1971 年,纽约市政府重新将这个地区划为居住区,并规定只有在纽约市文化局注册的艺术家才可以在此居住。两年后,由于"铸铁建筑之友"协会的努力,苏荷区的 26 个街区被定为历史保护区,使这个地区成为世界上最集中也是最大的帕拉第奥式和意大利风格的仓库、厂房区,也是世界最大的铸铁建筑保护区。它创造了"艺术家＋旧厂房"的模式,为创意产业的萌芽提供了特殊的环境和条件。

　　百老汇(Broadway),意为"宽广之路",原是纽约曼哈顿一条大道的名称,它由南向北贯穿曼哈顿全岛。这条大道早在 1811 年纽约市进行城市规划之前就已经存在了。百老汇从炮台公园开始,从南向北,经过了华尔街、市政厅、麦迪逊广场、先驱广场、时报广场和哥伦比亚圆形广场,绵延 25 km。其中心地带是在大道与第 42 街至 47 街的交汇处的"时报广场"一带,这里云集了几十家艺术剧院,被称为是"剧院区"(Theatre District)。

　　长期以来,百老汇是纽约著名的艺术演出中心,也是美国最大的歌舞剧中心。世界上最大的表演艺术综合体——林肯表演艺术中心也坐落于百老汇剧院区。林肯表演艺术中心建成于 1969 年,是纽约最壮观的文化艺术场所,包括了大都会剧院、纽约州立剧院(供纽约市芭蕾舞团演出),艾弗里·费希尔音乐厅(供纽约交响乐团演出)、维维安·博蒙特剧院、茱莉亚音乐学院和表演艺术图书馆与博物馆。这里汇集了世界一流的艺术家演奏交响乐、表演歌剧和芭蕾舞。久而久之,百老汇就逐渐成为表演艺术产业的代名词。对世界各地的游客来说,百老汇就是纽约的同义词。

与好莱坞一起作为美国文化产业标志的百老汇,绝不仅仅是纽约市地图上的剧院一条街,而是代表了美国剧院表演艺术的一条完全产业链,是一个极其庞大的产业王国。从一开始,百老汇就是一个自负盈亏的经济实体,它以精彩的艺术形式吸引了世界各地的观众和游客,这是其商业成功的关键因素。百老汇产业的核心部分是演出团体,演出团体负责与艺术创作有关的事宜。纽约共有 180 多个音乐、舞蹈演出团体,这些演出团体来自纽约以及世界各地,他们以巡回演出的方式来往于百老汇和世界各地。百老汇产业的关键部分是演出公司,演出公司是演出活动的具体组织者和协调者,在一定程度上代表艺术团体或艺术家的利益,对艺术家的演出活动作出安排,使得演出活动得以实现。百老汇的繁荣发展有赖于其产业系统各个环节的紧密联系和相互配合,使得各种文化资源得到了合理的配置。

作为表演艺术中心,百老汇的剧院和演出在集聚的过程中,形成不同的层次:百老汇剧院(Broadway)、外百老汇剧院(Off-Broadway)、环外百老汇剧院(Off-Off-Broadway)和其他类型的剧院。百老汇剧院是核心,剧院座位 600 个以上,为营利性剧院,目前为 39 家;后两者是规模较小的剧院,约有 530 家,多为非营利性的剧院,享受减免税,还可以申请各级政府的财政补贴。这些剧院早在 20 世纪初接纳先锋派戏剧,以较低成本进行戏剧实验,并为在中心百老汇不加赏识的戏剧工作者提供演出机会。外百老汇、环外百老汇作为中心百老汇剧院的外围,为培育新戏的创作和艺术表演人才、提高美国戏剧的水平等方面起了很大作用,同时又满足了不同人群的多元需求。作为纽约以及美国最大的文化场所之一,百老汇对纽约的旅游业也有着极大的贡献。百老汇产业和周围的服务业相互配合,以及百老汇产业的整体运作提高了规模经济效益,进一步增加了百老汇对纽约城市经济、文化、社会的影响力。

纽约的出版业占了全美的 70%,还有世界顶级的博物馆和百老汇。如今纽约从城市未来发展的角度,提出了"高度的融合力、卓越的创造力、强大的竞争力、非凡的应变力"的城市精神。纽约拥有一个动态的创意环境,在广阔的创意领域与创意机构中可以自由择业;鼓励多样性和包容性，在多元文化背景下，艺术家可以自由地表现自我；巨大的观众群和市场；别处难以比拟的支撑框架，大量的创意工作者的教育、培训机构，大量的支持艺术的公益性基金会和赞助人。另外非常重要的是，有扶持创意部门的城市战略和财政预算。

　　具有良好的文化氛围，不仅营造宽松、包容的气氛，允许多样化的文化存在与发展，而且具有一定数量和水平的受众，使创意活动得以顺利开展。包容性对创意城市的意义在于能够吸引创意人才并能容忍各种奇思妙想，而多样化的文化交流更有利于创新。这样的文化氛围就可以吸引更多的创意人才和公司，产生更多的创新。另一方面任何产业的发展都需要一定规模的市场，对创意产业而言，其受众已不仅是消费者，他们与生产者的互动不仅引导着创新，甚至也会参与创意的生产。因此具有一定数量和较高水平的受众也是促进创意城市成长和发展的重要力量。

4.1.3　加拿大多伦多：通过文化政策营造创意城市

　　加拿大是一个多民族组成的移民国家，加拿大的宪法规定加拿大的一百多个民族分为三类，即土著民族（印第安人、因纽特人）、建国民族（英、法）和其他民族（移民），包含了八十种以上不同的文化形态。与"民族大熔炉"的美国相比，加拿大的多元文化是一种"马赛克型"文化，在各种"碎片"组成的"马赛克"拼图中，既能看到各种文化元素的组合功能，又能看到不同文化元素的自身特色。加拿大"马赛克"型的多元文化对二战后加拿大创意城市的形成和发展产生了重大影响。

　　加拿大是一个主动"拥抱差异"的国家。为了适应国内多民族的状况，加拿大联邦政府在 1971 年正式明确承认加拿大是一个多元文化的社会，建立了保护各种民族文化共存、各民族平等的多元文化主义政策。1972 年，加拿大联邦政府设立了多元文化部，负责多元文化主义政策的执行与管理。1988 年加拿大众议院通过的《多元文化法》将多元文化上升到法律层面，标志着多元文化主义成为加拿大民族关系中的主流意识形态，在加拿大多元文化主义政策主导下，仅有几百年历史的加拿大却容纳了世界上最多的民族、最丰富的语言与最差异化的文化和行为模式，由此培育了宽容的城市文化，为基于多元文化的加拿大创意城市的发展提供了丰富的文化土壤。

　　多年来，到多伦多以及到加拿大的移民潮在不断地变化。在 20 世纪初，多伦多的居民主要是讲英语的盎格鲁-克尔特人（Anglo Celts），他们来自不列颠群岛——英格兰、苏格兰和爱尔兰，还有一些来自美国和加拿大的其他地区。1897年，后来成为总理的威廉·莱昂·麦肯齐·金（William Lyon Mackenzie King）在《帝国邮报》中写到了关于多伦多的"外国人"。在他的眼睛里，这些外国人包括德国人、犹太人、意大利人、叙利亚人和法裔加拿大人。显而易见，母语不是英语的民族对他来说都是"外国人"。

多伦多经历了两次主要的外国移民浪潮。第一次发生在第一次世界大战前的30年间，当时许多东欧人和南欧人选择多伦多作为他们的新家园。二战后的50年代至60年代期间，大批来自南欧的移民，如意大利人、葡萄牙人和希腊人涌入多伦多；大批涌入多伦多的还有来自西欧国家的移民，特别英国人、德国人和荷兰人；同时还有东欧难民逃到多伦多以躲避苏联扩张，这些难民包括拉脱维亚人、爱沙尼亚人、乌克兰人和立陶宛人。1956年发生的匈牙利事件及1968年的苏联侵占捷克斯洛伐克促使多伦多难民人数的增加，这些难民于1957年和1968年逃离欧洲这些地区。

进入21世纪的时候，多伦多是一个富有活力的城市，它反映了当地居民不同的文化和传统。因此，它是全世界的一个缩影。经过整个世纪的变迁，多伦多的环境也发生了巨大变化，并且随着来自世界各地移民的涌入，多伦多还在继续变化。

在20世纪90年代，加拿大最大的城市多伦多经历了主导产业的衰落，资源产业增长不理想。为此，多伦多选择了创意作为城市复兴的工具。多伦多是个多元文化的大熔炉，这是多伦多发展创意城市的突出优势。除土著人外城市内的居民都是移民，包括全球80多个族裔，涵盖100多种语言。各民族保持自己的生活习惯和语言，各国工艺品、各国风味的餐馆随处可见。从贝塔鞋子博物馆到北美最大唐人街之一的多伦多中国城，再到充满市井风情的肯森顿市场，多种族聚居对城市景观和文化产生很大影响（图4-3）。

在硬件设施上，多伦多有充满活力的非营利戏院、画廊和舞会场所、社区文化中心，还有许多博物馆，拥有5 500处遗址、10.7万余件文物、2万册珍贵书籍和将近100万件的考古样品。城市拥有大型公共图书馆系统、三个世界著名综合性大学和五所艺术设计学院。

为了更好地迎接创意经济时代的来临，多伦多市议会于2003年通过了《文化规划：缔造创意城市》（简称《文化规划》）。该规划为新多伦多规划提供了参考，使其综合考虑土地利用、城市规划和文化遗产保护，以

及与其他相关的城市政策相协调。《文化规划》充分意识到，现今世界上
成

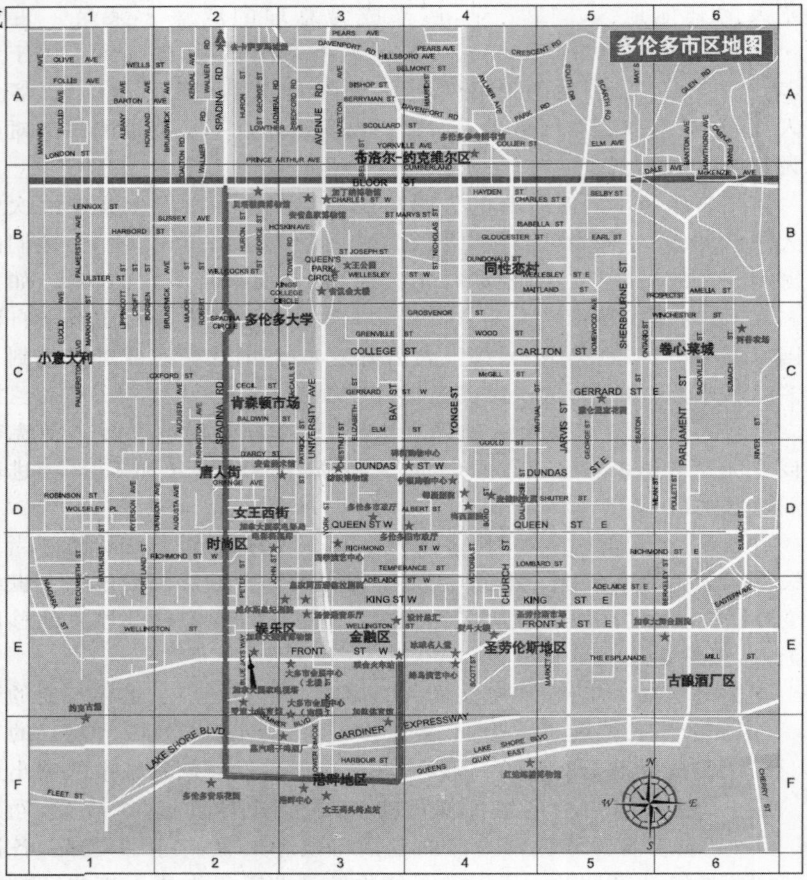

图 4 - 3   多伦多市区艺术机构布局示意图

功的城市都是具有创造性的城市，生活于其中的市民富有创造力，同时
坚持高品位的生活质量。这些城市以及市民对其所在国家的经济具有
强大的影响力，并且在贸易、投资以及吸引人才等方面具有竞争力。根
据该规划，多伦多的艺术、文化和文化遗产对未来的经济发展以及市民
生活极为重要。该规划指出了多伦多的强项以及缺点，同时提出提升多
伦多文化资产并克服其不足的各种措施。多伦多文化事业建设的不足
和障碍包括：资金不足，文化吸引力陈旧过时，立法和金融工具不足，缺
乏税收激励。总而言之，这些缺点使得多伦多在与其他城市的竞争中逐

渐失去优势。《文化规划》采取了 63 项建议,通过和其他层次政府和私人赞助者的灵活合作,使得多伦多实现其成为创意城市的最大潜能。届时,市民以在多伦多安家为自豪,多伦多也势必吸引全世界的关注。

作为安大略省的首府城市,多伦多是大多数艺术机构的所在地。20世纪 90 年代各级政府实行财政压缩,使得许多文化机构陷入困境。2002 年 5 月,联邦和省政府发起了空前规模的文化支持活动,为七个大型文化设施投入 2.33 亿美元,包括李博斯金(Daniel Libeskind)主持的安大略皇家博物馆扩建项目、盖瑞(Frank Gehry)主持的安大略艺术馆扩建项目、艾尔索普(Will Alsop)主持的安大略艺术与设计学院扩建项目、戴曼德(Jack Diamond)设计的四季艺术表演中心以及皇家音乐学院、国家芭蕾学校的扩建等项目。随着这些标志性文化设施的投入使用,《文化规划》中提到的充分利用这些新建的沿着学院大街的标志性建筑,将构建一条美丽的为市民所骄傲、为游客所喜爱的林荫大道。艺术街将以艺术走廊的形式把许多文化设施联系起来。与那些现有的历史遗产融合在一起,这些新的标志性建筑和设施将为创造一个新的文化多伦多提供坚实的基础和良好的机遇。

4.1.4 瑞典斯德哥尔摩:高水准的技术创新能力领跑世界

斯德哥尔摩——瑞典首都,也是该国第一大城市。瑞典国家政府、国会以及皇室的官方宫殿都设于此。其位于瑞典的东海岸,濒波罗的海,梅拉伦湖入海处,风景秀丽,是著名的旅游胜地。斯德哥尔摩市区分布在十四座岛屿和一个半岛上,70 余座桥梁将这些岛屿联为一体,因此享有"北方威尼斯"的美誉。斯德哥尔摩市区为大斯德哥尔摩的一部分。从13 世纪起,斯德哥尔摩就已经成为瑞典的政治、文化、经济和交通中心。

由于人口较少、劳动力成本高,斯德哥尔摩在 20 世纪 70 年代之前仅是瑞典的经济中心,影响力十分有限。20 世纪 90 年代以来,斯德哥尔摩不断进行产业结构调整,逐步放弃劳动密集型产业,通过发展教育、增强人力资本、鼓励创新和变革、增加研发投入、加强科技创新、充分利用国际市场等举措加大研发力度,大力发展研发密集型和知识密集型产业,目前已经成为全球研发强度最高的区域之一,在瑞典经济发展过程中占据了举足轻重的地位,并且带动瑞典整个国家成为研发领域的全球领袖。

由于私人、政府、高校、研究机构等高强度的研发投入,大学以及大量科研院所的聚集,使斯德哥尔摩研发创新能力得以不断提升。英国著名咨询机构罗伯特·哈金斯协会综合了 19 项标准,包括公司研发支出、高等教育公共开支、电脑制造业等知识密集型产业的就业水平,以及专利登记数量等,反映全球 125 个地区的研发创新能力,评价得出了《全球知识竞争力报告》。报告显示了斯德哥尔摩知识竞争力排名已经从 2003 年的 18 位上升到 2005 年的第 8 位(表 4-5)。

表 4-5 2003—2005 年全球知识竞争力指数及排名(部分地区)

城市	2003 年		2004 年		2005 年	
圣何塞	—	—	—	—	295.8	1
斯德哥尔摩	147.0	18	170.7	15	190.8	8
东京	149.8	15	123.8	38	143.4	22
南荷兰	86.8	75	92.6	68	113.1	50
上海	36.4	121	17.5	119	40.2	112
首尔	43.3	117	48.1	109	26.6	120

2002 年,德国咨询公司 Empiriea Delasasse 对欧洲 214 个地区进行评价,评价指标包括专利数量、研发人员的数量以及研发费用支出等,主要反映了区域创新力的情况。在该咨询公司的报告排名中,斯德哥尔摩被评为欧洲最有活力的地区,报告还特别提到了斯德哥尔摩的创新力和先进技术,认为斯德哥尔摩的成功是企业与大学间紧密联系的结果,而且没有几个地区将专利转化为产品所需的时间比斯德哥尔摩更短。2005 年全球知识竞争力指数显示斯德哥尔摩在欧洲最具创新力的区域排名中,排名第一,是欧洲最具创新力的区域。

斯德哥尔摩(在 Florida 对世界各国的创意水平排名中,瑞典排名第一)的中心区域是瑞典音乐产业的核心,集中了全国一半左右的音乐公司,集聚了大量专业和非专业的艺术家和音乐工作者。这些"创意者"吸引了很多公司到斯德哥尔摩进行音乐产品的生产和销售活动,是全球唱片音乐产业所有巨头企业的海外总部所在地。这些公司构成了良好的音乐服务环境(Music Services Environment),不仅为全球的艺术家生产歌曲、录像和其他多媒体产品,而且这些艺术家选择斯德哥尔摩大大增强了该地区的创意氛围,使得艺术家们更有理由留在这个城市而不是选择其他的全球中心(如伦敦或纽约)。

高水准的技术创新能力和设备支持是在从创意到可销售的产品生产过程中,保证价值链上最高附加值和产品最高利润的重要因素。世界与音乐相关的众多先进技术是从这里产生的,同时瑞典也是音乐产业最先使用新技术的国家,最先采纳 CD 格式作为标准,拥有世界上最高水平的互联网渗透及信息交流技术。与先进技术环境的紧密接触有利于促进企业与产业、互联网和销售企业的联系。

对于高度创造性的文化产品产业来说,一个有效的知识产权保护体系是至关重要的。瑞典音乐产业具有良好的组织和联合会,这些组织和集中的代理机构很好地引导了音乐产业的发展,它们在国内外的监督和执行,加上瑞典国家对知识产业的积极保护,在减少出口收入损失上起到了重要作用。

4.1.5 德国柏林:专业人才培养和聚集地

柏林位于中欧平原,1237 年建于施普雷河边,当时是商人的聚居地。1640 年威廉一世开创了柏林在文化、艺术上的繁荣,使柏林赢得了"施普雷河畔的雅典"的美誉。17 世纪柏林已发展成区域性的政治、经济、文化中心。1810 年柏林大学的成立加速了柏林的工业化进程。20 世纪初,柏林人口迅速增加逐渐发展成德国最大的城市。

柏林工业化的进程始于 19 世纪中叶。1837 年,普鲁士建立的西门子工厂是工业化开始的标志。19 世纪末期,柏林发生工业发展城郊化的过程(Industrie Randwanderung):随着城市的不断扩张,柏林的工业企业在城市中无法找到适应发展的土地,纷纷到柏林的郊区寻找交通便利的发展地块,建起了博士希工厂、西门子城等新城区,直至 19 世纪前叶,柏林一直是欧洲最重要工业城市之一。两德统一后,随着这些大型工业企业进一步向城市郊区外迁,城市中心的工业用地,尤其是轨道交通环线之内,以及滨水地带的工业用地,开始了功能置换的过程。柏林作为欧洲的重要工业城市遗留下来的大量工业建筑遗产,是城市发展变迁的财富。

能源紧缺使柏林不能通过发展传统工业实现振兴,工业设计便成为其产业发展的重要方向之一。柏林工业设计经历了五个主要发展阶段。传统工业遗产为创意人才集聚提供了条件,2007 年底,柏林政府通过资金投入使柏林的老厂房租金低于全德平均水平的 20%,创意人才在此集聚,成立工业设计工作室等,为柏林工业设计注入新的血液。

柏林是一个有设计传统的城市,它在世界设计领域的成就非凡,柏林的设计传统和当代创意影响到了整个国家和国际相关领域的运作。以设计为核心的文化创意产业已经成为城市的支柱产业,据统计,2005

年,柏林的文化创意产业创造了 97.2 亿美元的经济收入,约占整个城市GDP 的 11%。设计企业在柏林高度集聚。整座城市大约有 6 700 家设计公司,约 11.7 万人在时尚、产品及家具设计、建筑、摄影以及视觉艺术等领域工作。柏林文化创意活动活跃频繁,每天都有许多文化活动或事件,如"设计 5 月"、"柏林电影节"、"时尚漫步"、"柏林造型设计"、"跨媒体电子艺术音乐"、"国际流行音乐及娱乐展"等。

柏林创意设计产业的发展及文化之都、时尚之都的建设主要基于三种相互交织的理念:一是"以高起点的设计规划实现城市重建,以大规模的创意文化推动经济发展"的理念,吸引大量艺术设计企业及设计人才集聚,为城市不断注入新的文化创意元素;二是"节能、低碳"的产业设计理念,使柏林由传统的以工业制造业为主的城市向生态、环保、节能的新型文化时尚之都转变;三是"用工业保护设计"的工业设计理念,认为工业产品的质量在很大程度上取决于它们的设计。

柏林具有创意人才生存发展的优良环境,不仅集结了一批优秀的创意人才和经营人才,而且还十分重视与创意产业相关人才的培养。例如,柏林为创意活动的开展提供了卓越的基础设施和活动空间,各类创意人才如设计师、服装设计师、摄影师和建筑师等在此很容易找到他们的艺术自由、办公空间,较低的居住成本,便捷的网络,在设计方面的公共交流平台,以及诸如包豪斯博物馆、维特拉设计博物馆等极具竞争力的条件。优良的环境吸引了大量的设计人才和各个领域的创意企业。另一方面柏林还十分重视设计人才的培养。目前约有来自世界各地的5000 名学生在柏林学习与设计相关的专业,在欧洲几乎没有其他城市能为学生提供那么多设计方面的学习选择。

创意人才的培养除了提供卓越的基础设施和活动空间外,专门的基金资助也是柏林创意城市建设的重要一项内容。德国首都文化基金为始设于 1999 年,是一个用于扶持柏林重要文化项目的专项资助计划,在柏林市文化预算之外单立,侧重国际化项目,旨在促进和巩固跨地区、跨国界的文化交流。基金成立 14 年来,为柏林打造世界文化之都和创意之都做出了积极贡献。截至 2012 年 12 月,柏林已出资 1.27 亿欧元成功资助了 1 568 个文化项目,培养了一批优秀的创意人才。基金资助范围包括除电影拍摄和制作之外的所有文艺门类,目前分为 15 类:文学、音乐、舞蹈、戏剧、演出、设计、建筑、展览、音乐剧、电影节、造型艺术、媒体艺术、文化交流、跨学科项目和跨领域项目。创意新颖独特的艺术项目,即所谓工作室项目在草创阶段即可申请基金。参评项目必须独具创新,为柏林而设计,在柏林展示或举办,并将具有较大的国内外影响,项目执行人或合作执行人必须生活在柏林。这一系列的举措为在柏林发展文化创意产业的新兴阶层提供了有力的资金保障。

4.1.6　日本金泽:传统城镇的复兴

　　日本金泽市位于日本本州岛石川县境内。四百多年前,金泽藩主以文化立城。其在传统手工艺、表演艺术和文学发展上的历史悠久。江户时代由于属获封最高的一百万石,有"加贺百万石"之称的加贺藩的城下町,在当时是日本第四大都市,人口超过十万,仅次江户、大阪和京都市。金泽拥有不少知名艺术家,很多艺术家成名后在金泽美术学院和石川县科技高校任教。然而金泽经济发展过度依赖于传统手工业,致使在 20世纪 90 年代初期城市发展受到全球化和巨型企业发展的打击,经济急剧衰退。

　　为了应对经济危机,金泽的部分商人和市民成立"金泽创意城市协会"(Kanazawa Creative City Council),成为日本第一个推动"创意城市"概念的地方。金泽市因能保存传统和本土文化而闻名,但也给人一种传统守旧的形象,有人批评这个城市"在文化上太过保守"。协会对于金泽创意城市的发展策略定位为基于传统文化打造城市品牌。1996 年金泽市政府将收购的大和纺织厂仓库改建为金泽市民艺术村(图 4-4)。该仓库为木骨红砖构造,外墙精美并拥有历史建筑样式特征,按照"创作、体验、学习、再利用"的宗旨改造,工程总花费 18 亿日元。

图 4-4　日本金泽实景照片

　　金泽市民艺术村以低廉的租金提供给市民及艺术工作者使用。该艺术村每天 24 小时开放,只要事先提出申请,便能自由使用艺术村所提供的各项基础设施。对于文化创意人员而言,很多创作需要长时间、持续性工作,艺术村全年每天 24 小时无休的使用服务,让市民及艺术工作者拥有使用时间上的充分自由及弹性。据了解,目前艺术村全年使用可达 25 万人次,并自办近 300 场次的展演活动。

另外金泽艺匠学校(Kanazawa Artisan School)和金泽国际设计学院(Kanazawa International Design School)也在相继成立,为成人提供艺术设计进修课程。其中金泽艺匠学校是一座以历史传承为宗旨的传统建筑匠师进修学校,该校学员的入学资格限定在 20 岁以上、50 岁以下的金泽市民,并且在学成后有意愿从事传统建筑修复工作。目前的研修课程均为免费教学,学员的平均年龄为 47 岁。该校的课程设计除了营造技术的实践课程外,也相当强调文化参观、美学体验等相关课程的安排,务必让学员对传统工艺的认识能深耕在日本传统的生活文化土壤之上。

"以市民为主角,持完全信任的态度,希望培养能负责任的青年艺术家及市民"的城市经营理念,获得了金泽市民的强烈共鸣,进而建立了彼此间许多不成文的默契。透过各式各样的社团组织,参与城市公共事务的比例,金泽是全日本最高的。

金泽市政府每年花费市府预算的 2%,约 33 亿日元,用于古迹修护与传统工艺保存。传统手工艺学校、众多博物馆以及修旧如旧的历史建筑为金泽市的旅游业发展带来了勃勃生机。2005 年金泽市仅有454 607人口,但是这一年的旅游参观人数达到了 157.8 万人次,远远超过当地人口数量。金泽利用创意让传统手工艺重新焕发活力,为这座古老的传统城镇带来了新的生机。

4.2　城市创意空间特征

4.2.1　城市依赖性

创意产业的产生和发展不可能凭空而来,创意产业及其相关活动的特点使其需要一个良好的创业环境、高效的政策支持机制、高技术的基础设施、相互接驳的产业链条、突破行业界限的重组场域、迅速顺畅交换传播的数字网络和一个高度市场化的交易平台。这些发展创意产业的必要条件,一般而言往往也是大城市,尤其是发达地区大城市发展到较高阶段才能够满足的。创意产业园区最早即产生于伦敦、纽约、巴黎等国际性大都市,在国内也是率先在上海、北京、南京、杭州等国内发达城市兴起。可以说,创意空间的良性发展必须依托相应的城市基础,具有很强的城市依赖性。从这个角度来看,创意空间其实是创意城市的一个功能单元,也是构建创意城市的空间基础。

4.2.2 空间集群化

当代文化产业在空间上出现明显的群聚现象,即产业团块化,以降低产业交易成本,加快资本资讯在产业体系流通的速率以及强化商务往来的社会联结关系。由于创意活动的特点决定了创意产业十分依赖多元化的信息,强调从业人员的创造力,因此创意产业在空间上有着比一般文化产业活动更为强烈的地理集聚倾向。具体而言,创意空间往往倾向于在城市中的工业遗产、艺术场所、科教园区或文化中心附近集聚,形成独特的创意空间集群。

4.2.3 功能多样化

创意产业的核心在于策划、设计与创新,而创作和交流占据劳动过程的主导地位,此外,还必须要兼顾交流协作和个人创造行为的需要。很显然,传统工业中的标准厂房或呆板的写字楼不再符合创意空间的功能要求,多样化、个性化和充满艺术气息的创作空间成为目前创意空间的主流形式。与此同时,交流展示空间、学习和再教育空间、信息服务空间以及时尚休闲、娱乐空间等也是创意空间中必不可少的。总之,创意产业有着十分多样化的空间功能,这一点与传统的产业园区有着明显区别,并且不同的创意空间之间也会有很大差异。

4.2.4 富有特色的空间景观

由于创意阶层的新潮思想和文艺倾向,城市中各种类型的创意空间如创意街区、创意园区等,其建筑群体与整体空间环境一般都富有设计感和文化内涵,甚至每个创意单位往往都具有非常个性化的风格品位。对于创意空间而言,具有特色的建筑形象和空间景观是体现其艺术特性、展示创意个性的重要方面。对于创意城市而言,富有特色的创意空间景观可以塑造成为城市景观系统中的亮点,为打造城市形象和特色风貌服务。

4.2.5 注重审美和精神需求

在创意空间的研究中,必不可少的一环就是通过对空间使用者的深刻理解,研究如何使创意空间内部空间环境向着最有利于创意阶层使用的方向发展。传统办公空间的设计往往比较规整、单调,这样的办公环境不能满足从事创意工作者的需要。创意阶层需要充满艺术气息和活跃气氛的空间环境,在这样的园区空间中能更有效地激发创意人员的想象能力和创意灵感。因此,创意空间不能仅仅具有基本的实用功能,还应尽量形成具有创意文化和审美形态的空间环境,并承载更多的精神文化因素,以充分满足创意阶层注重审美和艺术氛围的心理需求。需要指出的是,不同业态甚至是同一业态中不同的创意阶层,其要求的创意空间的文化艺术倾向都会有所不同。

4.3 创意空间的引导策略

4.3.1 选址与布局的多层次考量

首先,从创意空间与城市的关系来看,一方面由于创意空间依托城市而发展,但并不是所有类型的城市都适合建设创意城市,所以创意空间的选址应优先考虑经济发达地区中具有发展创意产业潜质、足以吸引创意阶层前来的城市;另一方面,创意空间的建设还必须符合城市的当前发展阶段和城市化进程,只有城市的经济发展进程进入创新驱动阶段之后,才能达到发展创意空间、构建创意城市的前提条件。其次,因为发展创意产业对于城市整体的产业与空间结构都将带来重要转型,创意空间在城市空间中具有重要的触媒与景观效应,因此在确定了城市选择之后,创意空间于城市内部空间中的具体布局必须置于城市整体发展的视角中考虑。再次,创意空间的选址布局还要从自身功能要求和喜好出发。由于创意产业偏好对存量空间进行组合利用和集约利用(魏鹏举等,2010)一些与创意相关或者创意阶层喜好的城市空间资源,如各类工业遗产、文化设施、科教园区以及自然景观资源、时尚休闲空间等,将成为建设创意空间的首选位置。

4.3.2 内部空间鼓励土地混合使用

由于创意阶层更喜欢灵活多样的工作方式,追求工作、居住、消费、休闲等活动的自由便利,加上不同的创意者对空间也有不同的偏好和需求,功能单一的创意空间无法满足这些条件,因此在创意空间的建设过程中,应鼓励其土地的混合使用,形成复合灵活的空间功能。如此,一方面可以促进各自资源的集聚,就地满足创意阶层大部分的创意活动需求；另一方面，则是通过产生多样化的产业活动与空间环境既可以促进整体活力的形成，还能通过混杂多元的功能状态激发创意阶层的创作灵感，一举多得。刘云、王德（2009）指出，创意城市的空间建设大多强调土地的混合利用，这是因为构建创意环境的重要途径，本质上是将创意经济的主要环节（如创意构思、产品生产展示交流、销售流通、综合服务等）在空间上予以整合，真正为创意产业发展创造有利条件。

4.3.3　高标准的配套设施建设

与其他产业园区相同，以创意园区为主体的城市创意空间也需要完善的基础设施保障。考虑到创意阶层交流方式的多元化和网络信息平台的依赖，除了一般性的市政基础设施外，还必须建立性能优异、使用便捷的信息服务设施系统。同时，从前述相关理论与建设实践中可以看出，生活品质是影响创意经济发展和创意城市建设的关键因素，因而除了需要完备的基础配套设施，高品质的商业、娱乐、文化服务等公共设施以及绿地、广场等休闲空间也是创意城市空间中极为重要的组成部分，这一点在创意空间配套服务设施的设计中显得尤为重要，它们可以为创意阶层提供健康休闲和多样化的生活环境，满足其品质生活和创作活动的需求。

4.3.4　塑造自然生态的外部环境

人天性亲近自然，向往生存在与自然生态环境相和谐的空间。创意阶层作为智力型人才，高强度脑力劳动占劳动过程的主要部分，信息交流和行业竞争则进一步增加了精神疲劳和工作压力，自然优美的创意空间环境包括空气、阳光、水、绿色植物等自然因素有助于缓解他们的压力和消除疲劳。而且创意阶层更具艺术气息和创造力，他们的个人情感与工作状态也需要良好的自然环境的熏陶，其生理与心理会感到舒畅，可以更好地增添工作情趣，激发创意与活力。因此，在城市创意空间的设计与建设过程中，需要特别重视其外部生态环境和内部生态景观的营造，促进生态与创意的完美融合。以杭州白马湖生态创意园区为例，它不仅仅是改造旧厂房和旧村居，更是把生态、环保融入其中，以建设动漫公园、白马湖生态旅游度假公园、大地生态产业公园等为先导，重点提升园区的整体环境品质，是创意产业与生态相结合的代表作。

5 创意城市指标体系构建

5.1 现有指标体系

5.1.1 创意能力指标体系

1）创意能力概念

佛罗里达（Florida,2002）指出经济增长的关键不仅在于吸引创意阶层的能力,还在于将潜在的优势转化为以新观点、高新科技商业为形式的创意经济的产出和区域增长。这些能力可以称之为创意能力。南希等（Nancy et al,2006）对创意能力下了一个更明确的定义,通过创意人才的行动和创意的集体过程创造出新的、合适的、有价值的事物的能力,它是竞争优势的来源。

2）创意指数的来源及构成

为了对城市的创意能力进行衡量,佛罗里达提出了创意指数（Creativity Index）的概念,由四个同等权重因子组成:① 创意人才。从事创意产业的人员占全体劳动力的比例。② 创新指数（Innovation Index）。按人均专利权数统计。③ 高科技指数（High-tech Index）。包含两部分:一是份额指标,城市高科技产出量占全国高科技产出量的比例;另一个是区位商指标,城市高科技经济占全区经济的比例与全国高科技经济占全国经济的比例。④ 多样性指数。有时以同性恋指数①（Gay Index）作为参考数,以衡量一个地区对于各种人和思想的开放度。

佛罗里达认为,由于这一综合指标体系反映了创意阶层的集中度和创新经济的状况,能比单一的创意人才指标更好地评估一个城市潜在的创意能力,可作为城市创意能力评价的指标体系。美国已运用该评价指标体系,就 50 万人口以上的 81 个大都市区和 50 个州进行了创意能力评价（表 5 - 1）。澳大利亚地方政府协会也分别运用这一指标体系评价

---

① 同性恋指数指的是一地区同性恋占人口比例除以该地区占全美人口比例,所得数值大于 1 表示该地区对同性恋的接受程度高。

了澳洲城市经济和产业集群发展的潜力,英国"新经济基金会"也对 40 个城市进行了评估。

表 5-1　2000 年美国 11 个最具创意能力的大都市区排名

综合排名	城市	创意指数	创意人才（%）	创意阶层排名	高科技排名	创新排名	多样性排名
1	旧金山	1 057	34.8	5	1	2	1
2	奥斯丁	1 028	36.4	4	11	3	16
3	圣地亚哥	1 015	32.1	15	12	7	3
4	波士顿	1 015	38.0	3	2	6	22
5	西雅图	1 008	32.7	9	3	12	8
6	切波希尔	996	38.2	2	14	4	28
7	休斯敦	980	32.5	10	16	16	10
8	华盛顿	964	38.4	1	5	30	12
9	纽约	962	32.3	12	13	24	14
10	达拉斯	960	30.2	23	6	17	9
11	明尼阿波利斯	960	33.9	7	21	5	29

5.1.2　创意环境指标体系

1）创意环境概念

霍斯珀斯(Hospers,2003)认为创意并不仅仅是一项人工的产品,而且是环绕于巧合而不可预料的环境当中。斯科特(2006)也指出,创意并非可以简单地依靠逍遥(Peripatetic)的电脑黑客、溜冰者、同性恋和各种波西米亚族就能植入城市,还必须在特定的城市文脉中通过生产、工作和社会生活之间关系的交织综合才能有机地形成。这就是创意需要创意环境培养的思想。

兰德里(Landry,2000)认为,"创意环境指的是一个具有必要先决条件(包括软件/硬件基础设施)的地方——不论是几栋建筑物、都市的某一区、整个都市,或是某一区域——而由于这些条件,观念与发明能够源源不断地被创造出来"。

2）创意环境的软硬件构成

一般地说,创意环境由硬件设施和软件设施共同组成。硬件设施是激发城市创意的前提,软件设施则是城市创意能力的"培育基"。城市中硬件设施的数量、质量、多样性和可获得性知识是创意城市发展的基础条件。软件设施如开放的社会政治环境、市民对城市强烈的地方归属感以及城市的历史、组织能力等则是创意城市发展的基本保证。总之,创意环境不仅受到硬件设施的影响,并更多地受到软件设施的约束。表5-2列出兰德里关于创意环境的客观指标和主观描述。

表5-2 城市创意环境构成评价矩阵

类型	客观指标	主 观 描 述
硬件	全社会研发能力	大学、政府研究机构和企业研发投入,专利申请数,专业论文发表数
	信息和通信的可获得性	信息和交通设施状况,图书馆系统,各级各类媒体总部所在地
	综合教育体系	从小学教育到技术性和人文性的各类大学、企业再培训开支,业余继续教育支出,附设在大学内的各类科技园、孵化器
	各类文化设施	高雅艺术文化的艺术设施、院团和演出展出活动,城市居民直接参与文化艺术活动人次
软件	城市的危机感	危机感是决定城市创新意识、创新氛围的重要指标;不满足于现状,保持危机感,时刻认识到城市中的不适之处或不满之处,才会激发出创新的灵感;城市有力量不断地设计出更多的挑战,创新就越能持久
	城市的组织能力	组织能力是城市保持生机和活力的关键能力,可以使城市资源成倍扩张;在城市中,从个人到机构的每一个层面,都需要培养综合集成和实践的能力,把创新想法付诸实践;这就意味着要把创新元素贯穿到城市决策的每一个过程,不管这些决策机构是公共的、私人的还是其他类型的机构,也不管它们是经济领域的,还是社会、文化或环境领域的
	城市的地方归属感	鼓励城市内部的创新思想,激励城市居民的自我意识和独立性,让每个人对城市都有归属感和参与度,都觉得创新与自己息息相关,自己是城市整体不可分割的一部分;参与不只是口号,而是激发创新思想和利用各种资源的方法和手段;城市内在创新力的关键指标是社会市民参与的积极性和主动性

类型	客观指标	主 观 描 述
软件	城市的发展历史	历史可以激发创新,成功的城市总是把历史作为创新的源泉;历史所造就的城市形象也具有重要意义,历史遗留下来的建筑物、街景、教育和文化设施都可以成为创新重新涌现的基础,正是它们的历史背景激发了创新的灵感
	城市社会的多元化	社会文化的多样性可以促进人与人之间的交流和学习,而社会人口的条件也会影响城市的创新能量;多元化社会往往有忍让的传统,善于抓住机会,促进城市的创新活力;从城市发展的历史来看,外来移民包括外城市和外国的移民,在创新城市的形成过程中发挥了重要作用;他们的技能、智慧和文化价值都可以给城市带来新的想法和机会

5.1.3　创意活力指标体系

1) 创意活力概念

兰德里在《创意城市》中提出城市活力与生命力(Urban Viability and Vitality)两个重要的概念。他认为,城市活力是城市天然的力量和源泉。创意是活力的催化剂,活力是创意过程的重心。生命力指的是长期的自足、永续性、适应能力和自我再生。但对一座城市而言,城市活力需要加以集中以形成生命力。在创意经济时代,可以透过创意过程去开发城市的活力与生命力。

2) 创意活力的构成

创意活力包括活动程度、使用程度、互动程度、沟通程度、再现程度等。要测度城市的创意活力,兰德里认为需要兼顾经济、社会、环境和文化四方面的因素,并提出了九项指标来评估一个城市的创意活力(表 5 - 3),即临界人数(Critical Mass)、多样性(Diversity)、可达性(Accessibility)、安全和保障(Safe and Security)、认同与个性(Identity and Distinctiveness)、革新(Innovativeness)、联系和协同(Linkage and Synergy)、竞争力(Competitiveness)、组织能力(Organizational Capacity)。

表 5 - 3　城市创意活力评价

测量内容	基本描述	标准
经济活力	人群集中地区的就业,收入与生活水准等的状况,每年观光客和访客人数,零售业的表现,财产和地价	临界人数、多样性、可达性、安全和保障、认同与个性、革新、联系和协同、竞争力、组织能力
社会活力	可以用社会互动与活动的程度以及社会关系的性质来检验;一个有社会活力与生命力的城市具备下列特色:剥削的程度低,强大的社会凝聚力,不同社会阶层间良好的沟通和流动,市民的优越感和社区的精神,对不同生活风格的容忍,和谐的种族关系,以及充满生气的市民社会	
环境活力	注重两个方面:一是生态可持续性的变量,包括空气和噪音污染,废弃物利用和处理,交通阻塞和绿色空间;二是城市设计方面,包括易读性,地方感,建筑特色,城市不同部分在设计上的衔接,街灯的质感,以及城市环境的安全,友善与心理亲近的程度	
文化活力	对城市及其居民固有的一切的维护、尊重和庆祝,它包括身份认同、记忆、传统、社区庆典,以及能够表现城市鲜明特色的产品、人工物与象征等的生产、分配和消费	

5.1.4　上海创意城市指数

上海市创意产业中心 2006 年编制完成了上海城市创意指数(表 5 - 4)。这是我国内地首个城市创意指数。城市创意指数用于评估上海创意产业的竞争力,并比较上海与世界其他城市的创造活力,包括产业规模、科技研发、文化环境、人力资源、社会环境五大指标体系,由 33 个分指标构成。根据各指标对创意产业发展的重要程度,确定其在指标指数中所占权重,每个指数内各个分指标,按照平均分配权重的原则进行细分。

表 5 - 4　上海创意城市指数

分类	具体指标
产业规模	创意产业的增加值占全市增加值的百分比
	人均 GDP(按常住人口)

分类	具体指标
科技研发	研究发展经费支出占 GDP 比值
	高技术产业拥有自主知识产权产品实现产值占 GDP 比值
	高技术产业自主知识产权拥有率
	每十万人发明专利申请数
	每十万人专利申请数
	市级以上企业技术中心数
文化环境	家庭文化消费占全部消费的百分比
	公共图书馆每百万人拥有数
	艺术表演场所每百万人拥有数
	博物馆、纪念馆每百万人拥有数
	人均报纸数量
	人均期刊数量
	人均借阅图书馆图书的数目
	人均参观博物馆的次数
	举办国际展览会项目
人力资源	新增劳动力人均受教育年限
	高等教育毛入学率
	每万人高等学校在校学生数
	户籍人口与常住人口比例
	国际旅游入境人数
	因私出境人数
	外省市来沪旅游人数
社会环境	全社会劳动生产率
	社会安全指数
	人均城市基础设施建设投资额
	每千人国际互联网用户数
	宽带接入用户数
	每千人移动电话用户数
	环保投入占 GDP 百分比
	人均公共绿地面积
	每百万人拥有的实行免费开放的公园数

5.1.5　小结

从现有的理论与实践发展来看,尽管人们在理论和实践上尝试用评价指标来评价创意城市,但是关于创意城市的评价指标体系目前尚无公认、统一的定论,仍然处在不断探索的过程中。不同的学者研究城市对象的不同,造成在操作中对指标选择的标准、范围和数量的不同,因而所设计出的评价指标体系存在很大差异。例如欧洲目前仍然是世界上经济最发达,人均收入水平最高的地区之一。同时,欧洲城市在自然环境、基础设施、文化资源、宜居性等方面均世界领先,所以在指标体系中可以不将其列出。随着欧洲一体化进程的逐步加快,劳动力市场改革的深化,劳动力流动的自由化将使移民数量大增,而在欧洲聚合政策下,减少社会排斥是其重要目标,因此佛罗里达在研究欧洲创意城市时,将"主动或被动宽容人数"被纳入指标体系(表5-5)。

表5-5　欧洲创意指数

分类		具体指标
人才指数	创意阶层指数	创意产业从业人数占整个从业人数的比率
	人力资本指数	25—64岁人群中拥有学士或以上学位的人数比率
	科技人才指数	每千人拥有科学家和工程师的数量
技术指数	研发指数	研发支出占GDP的比率
	创新指数	每百万人拥有的专利数
	高科技创新指数	每百万人拥有在生物科技、信息技术、制药及航天等高科技领域的专利数
包容性指数	态度指数	主动或被动宽容人数占总人数的比率
	价值指数	一个国家将传统视为反现代的或世俗价值观的程度
	自我体现指数	一个民族对待个人权利和自我体现的重视程度

上海城市创意指数是我国首个完整的创意城市指标体系。该指标体系系统、全面，结合了中国国情和上海特点，既包括了科技创意型产业，也包含了文化创意型产业。但正如前文所述，创意城市不等于创意产业，该指标体系的中心仍然是创意产业，而涉及城市的指标则不够，如城市的自然环境。另外，该指标体系针对的是上海这样的大都市，对其他大多数城市不具有普适性。

5.2 构建中国创意城市指标体系

5.2.1 指标体系设立的主要依据

1）城市再生运动和文化资源的重视是指标体系设立的指导思想

城市再生是随着城市化的推进，针对现代城市问题，制定相应的城市政策，并加以系统地实施和管理的一个过程。城市再生理论是在城市重建、城市振兴、城市更新、城市再开发等理论基础上形成的。20世纪90年代，在全球可持续发展理念影响下，城市开发进入了更加强调综合和整体对策的发展阶段，建立合作伙伴关系成为主要的组织形式；强化了城市开发的战略思维，基于区域尺度的城市开发项目增加；在城市再生资金方面注重公共、私人和志愿者之间的平衡，强调发挥社区作用。可持续发展是城市再生理念最醒目的标签。城市再生理论的框架主要包括六个主题：城市物质改造与社会响应；城市集体中诸多元素持续的物质替换；城市经济与房地产开发、社会生活质量提高的互动关系；城市土地的最佳利用和避免不必要的土地扩张；城市政策制定与社会管理的协调；城市可持续发展。为适应城市再生理念的发展，文化创意产业应运而生。基于这一理念，文化不再是昂贵的公共产品，而是转化为城市再生的重要资源。"创意城市"的概念最早被运用于英国衰落城市的再生活动，而后被广泛用于欧洲、美国、澳大利亚等国家工业城市的再生实践，并已经取得诸多成功。这些成功的经验表明，电视、电影、多媒体、音乐、书籍和节日等产业，能够在具有良好交通、通信基础设施、社会保障，且鼓励创新和创意型中、小企业发展的城市迅速繁荣起来。创意产业对于提高城市竞争力、增加城市就业、延续城市文脉、塑造城市特色景观等，发挥着重要作用。

2）对创意城市类型的总结划分是设立科技创新能力和文化创意能

力指标的依据

如前文所述,霍斯珀斯根据前人研究成果将创意城市划分为四种类型,分别为:技术创新型城市、文化智力型城市、文化技术型城市和技术组织型城市。根据以上类型的划分,本书将科技创新能力与文化创意能力设置为两个独立指标。

3)城市成为参与全球竞争的主体是设立经济活力指标的主要依据

按照经典经济学理论,竞争往往集中在宏观的国家、产业层面及微观的企业层面。随着经济、科技和竞争的全球化以及世界城市体系的形成,城市已经成为参与全球竞争的主体,并且越来越多的城市竞争和企业、国家竞争呈现出相互作用、不可分割的格局。究其原因,主要在于:一方面,城市对其所在国的经济有重要的"发动机"作用,另一方面,全球最有竞争力的企业往往聚集在某几类城市。而这些城市我们统称为最具有经济活力的城市。城市经济活力是城市竞争力的重要组成部分,也是吸引人才和资金的重要因素。在现代城市中,企业作为城市的基本单元之一,既是城市活力的经济细胞,又是城市扩大投资、拓展生产力发展规模和提高生产力发展水平的基础。一个具有创意活力的城市,会为每一个人、每一个产品、每一个企业提供发展机会,因为中小企业数量众多。居民收入水平较高的城市对高技术水平的劳动力有较高的吸引力,劳动力素质的提高也将促进城市经济的进一步发展。

4)中国产业结构亟待转型和创意产业蓬勃发展是设置文化创意能力指标的主要依据

随着世界经济一体化进程速度的加快和我国日益成为世界性的投资中心,我国产业结构正逐步得到优化调整而日趋合理,很多城市也逐渐意识到参与全球经济竞争的重要性,而不是仅仅将城市发展的视角置于国内。城市不仅是区域经济社会发展的中心,更是区域性社会、生活、文化、技术等各个层面的创意中心,城市的发展程度如何,将关系到其所在区域的整体经济发展情况。

当前,我国劳动密集型产业仍然居多,中国外贸200强中,企业出口值74%是通过加工贸易方式实现的。中国处在"微笑曲线"(全球制造业的价值链条)的中低端位置,利润微薄(图5-1),且区域经济社会发展差异显著,并且待业和失业人员较多,这不利于我国整体经济竞争力的提高。所以,持续推进产业结构调整,进一步实现产业结构的优化升级,积极寻求新的经济增长点成为当务之急。

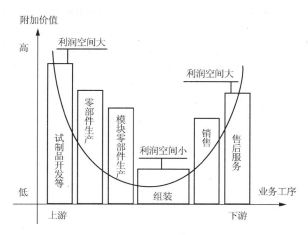

图 5-1 微笑曲线（全球制造业价值链）示意图

5）新经济对城市的挑战及其引发的城市资产重估是设立城市生活质量和各种环境指标的重要依据

新经济对城市发展提出的种种挑战，必然引发对城市资产的重估。首先是生活质量指标重要性的不断提高。美国宜居地区伙伴关系组织在评价生活质量和城市经济之间关系时得出的结论是：不适宜居住的城市将不会在经济功能上有良好表现。因而，提高可居住性是所有经济转型城市战略的中心目标。可居住性的种种要素应作为促进经济发展的工具，不能提供有吸引力生活条件的城市几乎不可能在未来的经济发展中取得成功。其次，人力资源重要性的提高。数字革命不但加速了信息处理和传播的速度，而且重新定义了时间和空间的概念。区位的决定越来越多地倾向于稀缺的人力资源，而不再是传统的港口、公路、铁路、原材料等。第三，废旧资源的重要性在提高。旧的工业厂房、仓库、废弃商业用地等传统上的不利区位因素，在新经济条件下可能变得有利。它们既是一种历史与文化的反映，同时又可在寸土寸金的城市当中以其低廉的租金而大大降低生产成本。

5.2.2 中国创意城市指标体系

根据前人研究成果，并结合我国城市的具体情况，本书提出一套创意城市评价指标体系（表5-6）。该评价体系分为指标层和变量层两个层次。其中，指标层包括：经济活力、城市开放度、科技创新能力、文化创意能力、社会生活和环境质量 6 个指标;变量层由影响各个指标的 25 个变量组成。

表 5-6　中国创意城市评价指标体系

指标层	变 量 层	单位
经济活力	第三产业占 GDP 比重	%
	人均 GDP	元
	城市居民可支配收入	元
	住宅商品房销售均价	元/m²
城市开放度	外来人口占常住人口比重	%
	全市接待国内外旅游者	万人次
	经济开放度(外贸依存度+国际投资开放度)	%
科技创新能力	高新技术产业区位商	—
	科技活动人员占从业人员比重	%
	每百万人拥有具有招生资格的高等学校的数量	个
	R&D 支出占 GDP 的比重	%
	每百万人拥有科学院院士和工程院院士的数量	人
	每百万人的专利数申请量	项
文化创意能力	文化创意产业占 GDP 比重	%
	文化创意产业从业人数占整个从业人数的比重	%
	城市居民家庭人均教育文化娱乐支出占总消费支出比重	%
	每百万人拥有图书馆、博物馆和文化馆的数量	个
社会生活	人均道路面积	m²
	城市居民人均住房面积	m²
	全社会劳动生产率	元/人
	每万人拥有医院床位数量	床
	城镇居民参加养老保险人数占常住人口的比重	%
环境质量	环境空气质量良好以上天数	天
	市区人均公共绿地面积	m²
	人均公园面积	m²

下述为 6 个指标的具体内涵。

(1) 一个城市的经济活力是城市竞争力的重要组成部分。产业结构是城市最重要的经济基础,现代城市最重要的产业标志是第三产业。人均 GDP、城市居民人均可支配收入以及住宅商品房销售均价 3 个变量则是从不同角度衡量一个城市的经济发展水平。

(2) 城市开放度如何是吸引创意人才的一个重要条件,一个可以容纳多元人才的城市其开放度必然较高。本书选取外来人口占常住人口比重、全市接待国内外旅游者和经济开放度作为衡量城市开放度的 3 个变量。

(3) 科技创新能力是科技型创意城市的核心力量。其中既包括反映科技创新产业的高新技术产业区位商、每百万人的专利数申请量、R&D 支出占 GDP 的比重变量,也包括反映科技创新阶层的科技活动人员占从业人员比重、每百万人拥有具有招生资格的高等学校的数量、每百万人拥有科学院院士和工程院院士的数量等变量。

(4) 文化创意能力是文化智力型创意城市的核心,文化创意产业占国民生产总值的比重是反映城市文化创意产业的发展情况,文化创意产业从业人数占总从业人数的比重则和创意阶层密切相关。而城市居民家庭人均教育文化娱乐支出占总消费支出比重则是反映城市居民对文化生活的投入状况,每百万人拥有图书馆、博物馆和文化馆的数量这个变量则从一定角度反映出城市为居民提供的文化服务能力。好的文化环境有利于提高城市文化创意能力。

(5) 本书涉及的社会生活变量主要是针对我国城市交通拥挤、住房困难、医疗资源不足、社会福利较落后等问题而设立的。

(6) 城市的自然环境是城市宜居性的体现。随着技术的进步,很多企业的选址都逐步摆脱了在传统意义上的资源、中间投入品或者市场导向的原则,景观优美、环境条件良好等方面的因素成为吸引生产要素、提高居住者素质从而提升城市竞争力与活力的重要因素。

6 南京创意城市实证研究

南京有着 6 000 多年文明史、近 2 600 年建城史和近 500 年的建都史，是中国四大古都之一，有"六朝古都"、"十朝都会"之称，是中华文明的重要发祥地(图 6-1)。南京既是中国历史文化名城、著名古都，又是全国重要的工业基地。城市发展既面临历史文化保护的迫切需要，又面临着产业结构调整和经济转型的压力，同时还面临激烈的区域内部竞争和全球化影响。对南京而言，作为一个文化资源极其丰富、人文良好的文化名城，如何重构文化、形成创意和经营城市，从历史文化名城和工业城市的传统发展框架中自我解放，是其提升城市竞争力，成为具有国际影响力城市的关键所在。

东吴建业城图

明朝南京都城图

《首都计划》城市总图

首都城内分区图

图 6-1　南京不同时期城市示意图

6.1 南京城市的发展现状与特征

6.1.1 南京基本概况

南京是江苏省省会,副省级城市,全省政治、经济、科教和文化中心,是国务院确定的首批中国历史文化名城和全国重点风景旅游城市,位列中国著名的四大古都之第三。地处中国沿海开放地带与长江流域开发地带的交汇部,是中国国土规划中沪宁杭经济核心区的重要中心城市,国家重要的综合性交通枢纽和通信枢纽城市。

2013 年 2 月,经国务院批准和省政府批复同意,南京市行政区划调整,撤销秦淮区、白下区,以原两区所辖区域设立新的秦淮区;撤销鼓楼区、下关区,以原两区所辖区域设立新的鼓楼区;撤销溧水县,设立南京市溧水区;撤销高淳县,设立南京市高淳区。溧水、高淳均以原县的行政区域为新建区的行政区域。南京现辖玄武、秦淮、建邺、鼓楼、栖霞、雨花台、江宁、浦口、六合、溧水和高淳 11 个区、81 个街道办事处、19 个镇。截至 2012 年末,全市户籍总人口 638.48 万人,常住人口 816.1 万人,城镇人口所占比重为 80.23%。

经济建设方面。南京自新中国成立以来一直作为国家主要的工业基地之一,经济发展一直保持良好势头。南京地区生产总值从 2007 年的 3 340 亿元跃上 7 000 亿元台阶,近三年年均新增 1 000 亿元以上,五年翻了一番;公共财政预算收入从 2007 年的 330 亿元跃上 700 亿元台阶,近三年每年新增近 100 亿元,五年翻了一番以上;2012 年全社会固定资产投资是 2007 年的 2.5 倍;规模以上工业总产值为 11 400 亿元,五年翻了近一番;三次产业增加值比例由 2007 年的 3.5：48.1：48.4,调整为 2012 年的 2.6：44.0：53.4。制定实施城乡居民收入"双倍增计划",城市居民人均可支配收入实现年均增长 12.5%,农民人均纯收入实现年均增长 13.3%;根据对城市住户的抽样调查,2012 年城市居民人均可支配收入达 36 322 元;根据对农村住户的抽样调查,全年农村居民人均纯收入达 14 786 元。随着城区"退二进三"和郊区县促进优势产业发展政策的施行,以开发区为重要载体的郊区县工业快速发展,全年郊区县(含开发区)工业完成总产值达 7 177.9 亿元,对全市工业增长的贡献率为 78.3%,占全市工业的比重为 69.3%。有关南京市主要的经济指标见表 6-1。

表 6 - 1　南京市主要国民经济指标一览表

指标	单位	2007 年	2012 年	年均增长率(%)
户籍总人口	万人	617.17	638.48	0.68
地区生产总值	亿元	3 283.73	7 201.57	17.01
人均生产总值	元	53 638.00	88 525.00	10.54
工业生产总值	亿元	5 788.16	11 405.12	14.53
农业生产总值	亿元	174.92	318.55	12.74
财政总收入	亿元	628.53	1 427.25	17.82
出口总额	亿美元	206.46	319.01	9.09
实际利用外资	亿美元	20.61	41.30	14.91
社会消费品零售总额	亿元	1 380.46	3 080.58	17.41
全社会固定资产投资总额	亿元	1 867.96	4 683.45	20.18
城市居民人均可支配收入	元	20 317.17	36 322.00	12.32
农村居民人均纯收入	元	8 020.00	14 786.00	13.01

　　城市建设方面。在经济平稳发展的同时,南京的城市建设也取得了辉煌的成就。南京城市建成区面积从 1978 年的 116.18 km²,增加到 2012 年的 637.1 km²,城市化水平达到了 80.23%。中心城市的集聚功能不断加强,城市基础设施、对外交通和环境建设明显改善。城市布局更加合理,新区建设取得了丰硕成果,功能配置更趋合理,基础设施与配套公共服务完善。历史街区保护成效显著,传统历史文化特色更加突出。统筹历史文脉传承和文化事业、文化产业发展。孙权纪念馆、非物质文化遗产博物馆、金陵图书馆、妇女儿童活动中心建成使用,六朝博物馆、江宁织造府、大报恩寺遗址公园、南京直立猿人化石遗址公园等文化项目加速推进。公共文化服务体系不断完善,基层文化服务设施全面提档升级,文化产业增加值达 330 亿元,年均增长 25% 以上。先后荣获联合国人居奖特别荣誉奖、全国民族进步模范集体、联合国国际花园城市金奖、全国文明城市等光荣称号。

　　教育科技方面。南京拥有良好的教育文化资源,形成了较为完整的基础教育、职业教育和高等教育体系。2012 年,全市基本普及学前 3 年到高中阶段 15 年教育,高等教育已跨入大众化发展阶段,正朝着教育强市的目标稳步迈进。在科技方面,南京市不断加大投入力度,出台鼓励科技创新创业"1＋8"系列政策、"科技九条"等,加大创业创新人才培养引进力度。全市累计引进领军型科技创业人才 1 441 人,入选省"双创计划"人才 162 人,自主培养中央"千人计划"人才 116 人。2012 年全年完成专利申请量 42 732 件,比上年增长 52.4％,其中发明专利申请量 16 409 件,增长 41.5％;全年完成专利授权量 18 612 件,比上年增长 50％,其中发明专利授权量 4 437 件,增长 28.5％。科技服务业完成投资 44.8 亿元,增长 127.4％;高技术产业完成工业总产值 2 431.96 亿元,比上年增长 18.0％。

6.1.2 南京城市发展的内生源泉

1）文化底蕴深厚

南京城市的历史发展呈现出明显的阶段性。古代是南京城市资源逐步积淀的重要时期。早在 6 000 年前南京地区就出现原始村落,公元前 472 年越王勾践在今雨花台附近筑城称"越",这是南京地方文化的发源基础。明清时期南京凭借着政治、经济、文化交流中心的优势,成为南方官文化的典型代表。而近代是南京城市动荡较为频繁的一个时期;从太平天国 1853 年建都天京,历经辛亥革命成为民国首都再次建都,直至 1949 年全国解放。政治格局的变动,如《南京条约》签订,新式建筑如"黄埔军校"、"中央医院"的涌现,都对明清时期形成的城市格局有较大改动。1949 年以后,南京城市的范围基本稳定下来。在 20 世纪 80 年代末开始的城市化进程中,南京城市依据科学规划,逐步向着现代化城市的方向发展。

从六朝遗韵、十朝都会,到秦淮风月再到中国第一个民主政府诞生,南京一直以丰厚的文化历史文化底蕴而雄踞于世。相对于业已成型的北京"皇城文化(京派文化)"、上海的"海派文化"、重庆的"山城(码头)文化",南京历史文化更具有包容性特征。同时兼备都市文化与区域文化两种特质的南京城市文化可以被概述为:以金陵地域为基础,融合吴文化、楚文化、淮扬文化,包含钟山的"六朝文化"、秦淮的"市井文化"、明初与民国的"官方文化"以及现代革命四大文脉;是南方文化与北方文化、江海文化与内地文化、吴文化与楚文化、尚武文化与重文文化交融交叉的产物。

表 6 - 2　中国最具文化底蕴城市排行榜

名次	城市
1	北京
2	西安
3	上海
4	南京
5	洛阳
6	武汉
7	苏州
8	成都
9	广州
10	开封

表 6 - 3　"最具文化气息的中国城市"
票选活动数据统计

名次	最具文化气息的城市
1	北京（29 011 人）
2	上海（20 067 人）
3	广州（7 049 人）
4	武汉（5 441 人）
5	深圳（5 274 人）
6	杭州（5 201 人）
7	成都（4 742 人）
8	南京（4 726 人）
9	西安（3 748 人）
10	重庆（3 028 人）
11	天津（2 724 人）
12	厦门（1 774 人）
13	香港（1 771 人）
14	长沙（1 715 人）
15	大连（1 649 人）

零点研究咨询集团公布《中国最具文化底蕴城市排行榜》（表 6 - 2），根据对北京、上海、广州、沈阳、西安、武汉、成都等多个城市 1 883 名 18—60 岁城镇居民采取多阶段随机抽样的方式，进行入户调查得到的最新调研结果显示：在最具文化底蕴排行榜中，北京拔得头筹，西安第二，而上海则超过南京、洛阳等历史名城排在第三，成都则以独有的天府文化与丰富的历史沉淀排名第八。此外，2008 年 2 月腾讯网曾举办过"最具文化气息的中国城市"票选活动，本书以这一调查为佐证作为对南京城市文化方面的认可度说明。该票选活动得到的数据如表 6 - 3，南京位列第八，与第七名的成都所差无几，但与北京、上海、广州三个城市的票数差距较大。但上海、北京、广州文化特点与南京又各有不同。因此可以认为南京特有的文化在网民心中占有一席之地。

2）区位条件优越

南京位于我国黄金水道长江下游中部，横跨长江南北两岸，濒江近海，承东启西，横贯南北。南京地处沿海开放地带和长江流域的交汇部，紧邻中国最大的经济、金融中心——上海。在经济上处于我国沿海沿江两大生产力布局的主轴线的接合部，兼有两带产业与资源的优势，成为国家经济从东向西推进的前沿阵地和中转释放长江中西部地区经济发展所带来的外贸出口、物资技术和资金劳动力的重要节点，是东部与中西部、北部与南部商流与物流的要道。

南京铁路、公路、水陆、航空和管道五种运输方式完备，是我国华东地区水陆交通的枢纽，是长江三角洲地区陆上黄金通道。津浦、沪宁、宁铜三条铁路干线交汇于南京，尧化门铁路编组站是华东地区最大的编组站。沪宁高速公路、宁连、宁合、宁通、宁杭等一级公路和绕城公路、机场路把南京与周边的一些重要城市紧密联系起来，另有43条长途客运线路通往六省一市的70多个县市，大大便捷了南京与周边地区的联系。南京港是全国最大的内河港口，腹地辽阔，内联长江干流及众多支流，外通海洋直达五大洲各大港口，有华东地区最大的专用煤港和油港及长江流域最大的中转进出口物资集装的合资企业。南京禄口国际机场是江苏省的门户机场，规模居华东第三，是国家主要干线机场，华东地区的主要货运机场，与上海虹桥机场、浦东机场互为备降机场，位列全国千万级大型机场行列，是国家大型枢纽机场、中国航空货物中心和快件集散中心，国家区域交通枢纽（图6-2）。

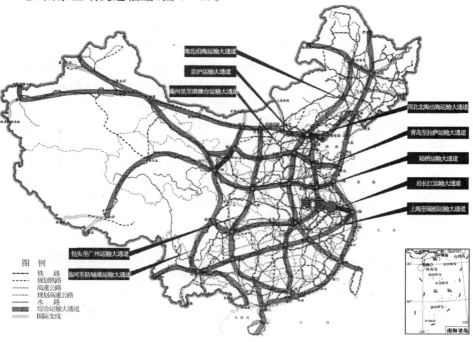

图6-2　南京在全国五纵五横交通大通道格局中的位置示意图

3）经济实力雄厚

作为区域经济的中心,南京经济实力雄厚,2012 年地区生产总值突破 7 000 亿元,经济总量在全国重点城市中列第 13 位。南京是我国石化、冶金、建材为主的基础产业和以电子、汽车为主的高新技术产业生产基地,也是中国东部地区重要的综合性工业基地。重要的产业、工业门类较为齐全,而且生产规模、产品质量与外贸出口量也在全国各市中占有重要地位。南京的电子、机械、汽车和石化等技术密集型产业具有较高水平,其中电子电器、汽车摩托车、石油化工及精细化工、建筑材料业不仅是全市的支柱产业,而且在全国占有显著地位。南京同时还是区域的金融商贸中心,已基本形成长江流域重要的金融和商贸中心。

4）人居环境良好

自 1999 年南京获得"全国优秀旅游城市"的荣誉称号之后,于 2003年连续获得了"国家园林城市"和"国家环境保护模范城市"两项荣誉称号,之后又获得了中国住房和城乡建设部颁发的"2008 年中国人居环境奖"。

南京属于北亚热带季风气候区,气候湿润,雨量充沛,四季分明,长期营造的林木绿地,浓荫蔽日,风格浑厚,功能显著,朴实无华,一直享受"绿城"之誉。南京襟江抱湖、虎踞龙盘的地形地势,就是城市发展的优越性依托,作为江南分水岭的宁镇山脉自东南进入南京城区,紫金山、长江、秦淮河、玄武湖等形成东南依山、西北靠水的格局。

南京城市绿化基础雄厚,市区园林绿地面积为 171.15 km²,其中建成区绿地面积为 86.75 km²（建成区为 222 km²）,2005 年,建成区绿地率达到 41%,绿化覆盖率 45%,人均公共绿地 12 m²。在全国直辖市、省会城市处于先进行列。南京的"绿"首先突出体现在钟山风景区,其坐落在主城范围之内,是南京的"绿肺"。钟山风景区林木茂盛、景观独特,文化底蕴丰富,占地面积达 35.04 km²,是融山林、水体、城墙、陵园为一体的国家重点风景名胜区。

南京主城规划以原生绿地、公园、住区绿地及专业绿地为基础,以纵横分布的滨河绿地、道路绿化及防护林为纽带,形成主城高水平的点线面的绿化网络系统。近年来,城市园林绿化力度加大,一批与城市相融的绿地广场、滨河绿化,以及点线面结合的绿化体系的建成,这一独特优美的自然环境,为人们长期聚集、居住、生活提供了优越的人居环境基础与条件。

在城市道路绿化方面,南京久负盛名,以"绿色隧道"闻名海内外(图6-3)。广场和游园绿地面甚多,星罗棋布,各具特色。全部共有朝天宫、夫子庙、山西路、鼓楼等市民广场 49 个,雨花台、玄武湖、清凉山、北极阁、古林公园等游园绿地 600 多处,总面积超过 160 万 m²,基本实现居民每出行 500 m,就有一处市民广场或游园绿地,而且各广场绿色风格迥异,各具特色,文化内涵丰富,成为现代都市中一道亮丽的风景线。

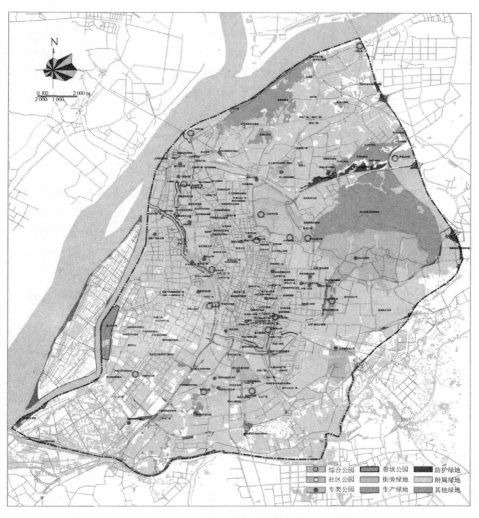

图 6-3 南京主城绿地分布现状图

6.2 南京创意城市建设介绍

近几年来,中国各大城市纷纷提出发展文化创意产业、建设创意城市的口号与目标,并将创意产业正式纳入"十一五"规划。南京市政府于2006年发布了《南京市文化创意产业"十一五"发展规划纲要》,提出实现从传统城市向创意南京转变的目标。

在充分分析南京自身发展文化创意产业的优劣之后,南京市政府提出了奋斗的具体目标。到2010年基本建成与社会主义市场经济体制相适应、有力支撑创新型城市建设的文化创意产业体系。根据南京城市特色、资源优势、文化消费趋势,形成优势门类突出、相关产业联动发展的新格局。到"十一五"期末,文化创意产业要成为全市文化产业增量的主体部分,成为全市经济结构优化的重要推动力,成为南京经济发展的重要增长点,实现文化资源大市向文化产业强市跨越,构建中国东部地区"文化智慧创意中心"。

目前,南京市政府集中力量大力发展创意产业,建设创意产业集聚区。以创意产业发展带动创意城市建设。这也是目前国内各大城市发展创意城市的主要实现路径。南京市政府在纲要中提出了南京发展创意产业的基本模式,即"保护南京历史文化名城的独特风貌,传承六朝古都的历史文脉","使每一个人的创意都受到鼓励,使每一个好的创意都有市场化和产业化的机会,使每一个创业者都得到有力的制度保护和良好的政策扶持","着眼于培育创意、创新、创业的制度环境、法律保障和文化氛围"。

在政府的大力支持下,南京创意产业的发展突飞猛进。据南京市统计局统计数据显示,2004年,南京文化创意产业增加值为58.63亿元,分别占全国和江苏文化创意产业增加值的1.7%和22.7%,高出同时期全市地区生产总值所占全国和江苏比重1.3%和13.3%的水平。2004年以来,在全市经济连续保持年均两位数的速度持续增长的基础上,南京的文化创意产业增长速度始终超过全市GDP的增速。按照国家统计口径,南京市文化创意产业增加值2004年为58.63亿元、2011年为262.02亿元,占当年GDP的比重分别为2.84%和4.26%(表6-4)。

表 6 - 4　2004—2011 年南京市文化创意产业数据统计表

表 6 - 4　2004—2011 年南京市文化创意产业数据统计表

年份	创意文化产业增加值 （亿元）	同比增长 （%）	占当年 GDP 的比重 （%）
2004	58.63	—	2.84
2005	73.48	25.3	3.05
2006	90.67	23.4	3.27
2007	111.65	23.1	3.40
2008	132.16	18.4	3.46
2009	151.73	14.8	3.59
2010	187.84	23.8	3.75
2011	262.04	39.5	4.26

6.3　南京创意城市建设比较评价

为了对南京市创意城市建设进行系统、全面的认识和评价，我们利用已建立的指标体系分别对南京进行横向的比较评价和纵向的变化分析。其中南京创意城市建设的横向比较评价，重点考虑了相关数据的可获取性、各城市之间的经济社会发展水平等方面的可比性以及所选城市的代表性，选取了北京、上海、重庆、天津、广州、深圳、南京、杭州、西安这9 个直辖市、省会城市和特区的 2010 年度的相关资料，采用统计方法对其各个指标的数据进行统计分析和评价，对不同城市之间的创意能力、创意环境等进行横向比较和研究。南京创意城市建设纵向分析通过收集 2000—2010 年的相关资料和统计数据，汇总列表显示其变化趋势，并进行分析探讨。

6.3.1　南京创意城市建设横向比较评价

1) 分析方法

本书使用的分析软件是 Excel 和 SPSS。SPSS 软件可以使用的统计方法很多，本书主要使用的是多指标综合评价方法中的因子分析法。多指标综合评价的方法应用较为普遍，主要有：专家打分法、因子分析法、模糊综合评价法等。这些方法各有其特点，但总体上可以分为两大类：主观赋权重方法和客观赋权重方法。前者大多采用相关领域专业人士的综合打分，经过进一步数值处理，对无量纲后的数据进行综合，如专家打分法、模糊综合评价法等；后者则依据各指标间的相关关系或各指标值的变异程度，通过计量经济的处理方法来确定权数，如因子分析法等。主观赋权重方法往往存在主观因素对评价结果的影响；客观赋权重方法避免了主观因素带来的偏差。因此，本书主要采用客观赋权重方法对创意城市建设进行横向综合比较分析。首先对原始数据进行标准化处理，在此基础上运用主成分方法，对剩余指标进行提炼，选择对各综合因子变量影响程度最为显著的若干个主因子指标，作为评价的基础；然后利用因子分析法对各主因子指标综合评价，得到创意城市的评价值。

主成分分析（Principal Component Analysis）是将分散在一组变量上的信息，集中到某几个综合指标（主成分）上的一种探索性统计分析方法。它利用降维的思想，将多个变量化为少数几个互不相关的主成分，从而描述数据集的内部结构。

（1）主成分分析原理

主成分分析是设法将原来众多具有一定相关性（比如 P 个指标），重新组合成一组新的互相无关的综合指标来代替原来的指标。通常数学上的处理就是将原来 P 个指标作线性组合，作为新的综合指标。最经典的做法就是用 F_1（选取的第一个线性组合，即第一个综合指标）的方差来表达，即 $\mathrm{Var}(F_1)$ 越大，表示 F_1 包含的信息越多。因此在所有的线性组合中选取的 F_1 应该是方差最大的，故称 F_1 为第一主成分。如果第一主成分不足以代表原来 P 个指标的信息，再考虑选取 F_2 即选第二个线性组合，为了有效地反映原来信息，F_1 已有的信息就不需要再出现在 F_2 中，用数学语言表达就是要求 $\mathrm{Cov}(F_1, F_2)=0$，则称 F_2 为第二主成分，依次类推可以构造出第三，第四，……，第 P 个主成分。

（2）主成分分析数学模型

$$
\begin{cases}
F_2 = a_{12}ZX_1 + a_{22}ZX_2 + \cdots + a_{p2}ZX_p \\
\quad\vdots \\
F_p = a_{1m}ZX_1 + a_{2m}ZX_2 + \cdots + a_{pm}ZX_p
\end{cases}
$$

其中，$a_{1i},a_{2i},\cdots,a_{pi}(i=1,\cdots,m)$ 为 X 的协方差阵 Σ 的特征值多对应的特征向量，$ZX_1,ZX_2,\cdots,ZX_p$ 是原始变量经过标准化处理的值，因为在实际应用中，往往存在指标的量纲不同，所以在计算之前须先消除量纲的影响，而将原始数据标准化，本书所采用的数据就存在量纲影响。

$$A = (a_{ij})_{p\times m} = (a_1,a_2,\cdots,a_m)$$
$$Ra_i = \lambda_i a_i$$

其中，R 为相关系数矩阵，λ_i、a_i 是相应的特征值和单位特征向量，$\lambda_1 \geqslant \lambda_2 \geqslant \cdots \geqslant \lambda_p \geqslant 0$。

2）数据来源

主要考虑了数据的时效性和可得性，本书选取各个城市 2010 年的指标数据为分析对象，数据来源于三个方面：

（1）《2011 年中国城市统计年鉴》、《中国创意产业发展报告（2011）》、《2009 中国两院院士调查报告》，2011 年各城市的统计年鉴、各城市统计信息网站上公布的 2010 年国民经济和社会发展统计公报、国家教育部官方网站、中国指数研究院官方网站、中国文化创意产业网站中的相关数据，例如第三产业占 GDP 比重、人均 GDP、人均道路面积、住宅商品房销售均价等。

（2）经简单计算得到。例如将直接获取的数据进行计算处理得到：高新技术产业区位商、净流入人口占常住人口比重、全社会劳动生产率、经济开放度等。

（3）对一些无法获取的数据通过一定方法估算取得。例如，文化创意产业从业人数 2010 年的数据关于深圳、南京两个城市无法获得，根据《中国创意产业发展报告（2007）》提供的 2004 年统计数据，再利用 2004—2010 年间各城市创意产业增加值的平均增长率大致估算出从业人数增加值，进而估算 2010 年该两个城市的相关数据。

由此得到 9 个城市 2010 年主要数据，如表 6-5。

3）数据处理

运用主成分分析法对创意城市指标体系进行处理。调用 SPSS 19.0 统计软件对 25 个指标进行主成分分析便得到主成分因子的特征值、贡献率、累计贡献率（表 6-6）及其因子载荷矩阵（表 6-7）。

表6-5 2010年九城市创意城市指标体系相关数据

指标层	变量层	单位	南京	北京	上海	广州	重庆	杭州	西安	深圳	天津
经济活力	第三产业占GDP比重	%	50.7	75.1	57.3	61.0	36.4	48.7	52.2	52.7	46.0
	人均GDP	元	62 598	71 938	74 548	84 568	27 475	68 339	38 254	92 379	70 996
	城市居民可支配收入	元	28 312	29 073	31 838	30 658	19 100	33 035	22 244	32 381	24 293
	住宅商品房销售均价	元/m²	9 226	17 969	13 316	12 323	5 943	21 307	5 992	20 106	9 297
	外来人口占常住人口比重	%	21.02	35.92	39.00	36.57	3.28	20.84	7.63	75.80	24.20
城市开放度	全市接待国内外旅游者	万人次	6 496.88	18 390.1	1 239.28	4 506.38	16 310.62	6 581.00	5 285.18	3 285.32	9 366.07
	经济开放度（外贸依存度＋国际投资开放度）	%	65.39	151.55	149.86	67.93	16.05	64.53	24.95	248.14	68.44
科技创新能力	高新技术产业区位熵	—	3.62	2.05	2.18	3.60	2.57	2.36	1.56	5.23	3.18
	科技活动人员占从业人员比重	%	3.21	5.14	3.06	0.29	0.31	2.51	2.69	2.15	2.04
	每百万人拥有具有招生资格的高等学校的数量	个	6.62	8.92	2.86	6.06	1.84	4.25	5.90	0.77	4.23
	R&D支出占GDP的比重	%	3.05	5.82	2.80	1.11	0.97	2.75	5.16	3.15	1.76
	每百万人拥有科学院院士和工程院院士的数量	人	9.62	48.27	8.77	2.75	0.42	3.10	6.96	0.00	3.08
	每百万人的专利数申请量	项	2 407.09	2 920.43	3 091.90	1 636.79	202.66	3 415.35	3 270.79	4 765.72	1 935.06

指标层	变量层	单位	南京	北京	上海	广州	重庆	杭州	西安	深圳	天津
文化创意能力	文化创意产业占 GDP 比重	%	4.10	12.02	9.75	7.81	4.42	11.80	5.88	7.58	3.69
	文化创意产业从业人数占整个从业人数的比重	%	4.15	11.91	9.99	6.10	1.42	7.17	4.10	9.64	4.49
	城市居民家庭人均教育文化娱乐支出占总消费支出比重	%	17.97	14.56	14.50	18.44	11.15	10.33	12.06	11.63	11.47
	每百万人拥有图书馆、博物馆和文化馆的数量	个	9.49	6.32	7.34	4.72	5.96	10.68	5.78	63.54	3.84
社会生活	人均道路面积	m²	19.35	4.79	18.13	11.20	9.09	10.93	15.41	9.60	14.58
	城市居民人均住房面积	m²	27.44	19.49	17.50	21.40	34.77	23.20	28.70	27.03	31.28
	全社会劳动生产率	元/人	109 506	136 813	157 376	136 208	47 492	94 985	67 877	135 875	126 588
	每万人拥有医院床位数量	床	32.34	43.80	43.83	49.22	35.93	49.20	41.00	20.37	37.58
	城镇居民参加养老保险人数占常住人口的比重	%	33.15	50.08	38.86	35.76	26.82	44.11	25.47	56.88	33.21
环境质量	环境空气质量良好以上天数	天	302	286	336	357	311	314	304	356	308
	市区人均公共绿地面积	m²	13.69	15.00	13.00	15.01	12.72	11.54	9.11	16.40	12.11
	人均公园面积	m²	3.48	9.21	6.97	3.59	2.35	4.38	2.28	19.80	8.56

注：人均计量均按常住人口计算。人民币对美元汇率按 2010 年平均中间价 6.769 5 换算。

表 6 - 6　总方差分解表

主成分	初始特征值情况			提取公共因子后的特征值情况		
	特征值	贡献率（%）	累计贡献率（%）	特征值	贡献率（%）	累计贡献率（%）
一	10.63	42.53	42.53	10.63	42.53	42.53
二	5.91	23.62	66.15	5.91	23.62	66.15
三	3.04	12.14	78.29	3.04	12.14	78.29
四	2.10	8.36	86.65	2.10	8.36	86.65
五	1.84	7.37	94.02	1.84	7.37	94.02
六	0.59	2.38	96.40	—	—	—
七	0.55	2.20	98.61	—	—	—

主成分的贡献率表示该主成分反映原指标的信息量,累计贡献率表示相应几个主成分累计反映原指标的信息量。由后面的表 6 - 7 中可以看出所列的前 5 个因子特征值大于 1 且累计贡献率达到 94.02%,表明这 5 个因子反映了原指标的绝大部分信息量。

由前面的表 6 - 5 可知,第一主成分在经济开放度、外来人口占常住人口比重、文化创意产业从业人数占整个从业人数的比重、人均 GDP、城镇居民参加养老保险人数指标上的载荷较大,该主成分既反映了城市经济发展总体状况,又反映了城市与国内外的流通能力,可以认为 F_1 是创意城市建设的社会经济因子。

第二主成分的权重为 23.62%,是次重要的影响因子。该主成分在每百万人拥有具有招生资格的高等学校的数量、每百万人拥有科学院院士和工程院院士的数量、科技活动人员占从业人员比重指标上载荷较大。这三项指标分别从一定角度代表了创意城市所强调的创意人才培养和吸引两个方面,可以认为 F_2 是创意城市建设的创意人才因子。

第三主成分的权重为 12.14%,该主成分在城市居民家庭人均教育文化娱乐支出占总消费支出比重指标上载荷较大,将 F_3 命名为创意城市建设的消费因子;第四主成分在市区人均公共绿地面积指标上载荷较大,将 F_4 命名为创意城市建设的环境因子;第五主成分在人均道路面积指标上载荷较大,将 F_5 命名为创意城市建设的设施因子。

4）横向比较结果

根据主成分综合模型可以计算出综合主成分表,并对其按综合主成分值进行排序,即对各城市进行综合评价比较和排名,结果见表6-8与表6-9。

表 6 – 7 因子载荷矩阵

	F_1	F_2	F_3	F_4	F_5
第三产业占 GDP 比重	0.647 4	0.660 4	0.140 2	0.188 0	0.142 3
人均 GDP	0.878 0	−0.148 1	0.323 2	0.107 2	0.022 1
城市居民可支配收入	0.849 9	0.030 5	0.377 7	−0.154 4	−0.158 7
住宅商品销售均价	0.846 1	0.078 1	−0.114 1	−0.095 6	−0.402 4
外来人口占常住人口比重	0.922 8	−0.346 7	−0.009 8	0.073 1	0.082 4
全市接待国内外旅游者	−0.280 4	0.437 7	−0.607 5	0.567 6	−0.134 0
经济开放度（外贸依存度＋国际投资开放度）	0.929 4	−0.189 6	−0.193 8	−0.011 9	0.113 7
高新技术产业区位熵	0.468 1	−0.751 0	0.004 1	0.314 2	0.218 9
科技活动人员占从业人员比重	0.434 3	0.685 8	−0.283 0	−0.267 6	0.368 6
每百万人拥有具有招生资格的高等学校的数量	−0.022 9	0.838 8	0.155 7	0.216 9	0.301 0
R&D 支出占 GDP 的比重	0.312 4	0.651 9	−0.405 4	−0.350 5	0.336 8
每百万人拥有科学院士和工程院院士的数量	0.326 7	0.836 9	−0.284 9	0.267 4	0.171 4
每百万人的专利申请量	0.743 5	−0.026 4	−0.157 5	−0.596 3	0.139 4

	F_1	F_2	F_3	F_4	F_5
文化创意产业占 GDP 比重	0.629 2	0.532 8	0.029 9	−0.149 0	−0.522 2
文化创意产业从业人数占整个从业人数的比重	0.903 1	0.363 3	−0.025 6	−0.071 5	−0.077 0
城市居民家庭人均教育文化娱乐支出占总消费支出比重	0.147 8	0.217 8	0.666 1	0.447 9	0.460 7
每百万人拥有图书馆、博物馆和文化馆的数量	0.637 6	−0.619 9	−0.373 2	−0.103 9	0.077 8
人均道路面积	−0.282 2	−0.189 8	0.547 3	−0.492 8	0.521 5
城市居民人均住房面积	−0.670 4	−0.512 3	−0.475 1	0.091 6	0.137 6
全社会劳动生产率	0.799 9	0.074 8	0.403 8	0.105 4	0.177 8
每万人拥有医院床位数量	−0.199 5	0.652 1	0.513 1	−0.028 9	−0.500 3
城镇居民参加养老保险人数占常住人口的比重	0.940 9	−0.023 7	−0.259 5	0.050 1	−0.152 8
环境空气质量良好以上天数	0.427 8	−0.665 4	0.460 3	0.053 5	−0.222 7
市区人均公共绿地面积	0.707 8	−0.230 3	0.002 9	0.639 4	0.074 1
人均公园面积	0.790 7	−0.394 7	−0.397 7	0.008 4	0.111 7

表 6-8 九城市各主成分分值及排名

	F_1	F_1 排名	F_2	F_2 排名	F_3	F_3 排名	F_4	F_4 排名	F_5	F_5 排名
北京	3.144	2	4.873	1	-1.815	8	1.406	3	0.140	5
深圳	5.432	1	-4.113	9	-1.756	7	-0.221	6	0.861	2
上海	1.855	3	0.425	4	1.988	2	-1.340	7	-0.076	6
广州	0.557	4	-0.437	6	3.130	1	1.893	1	-0.704	7
杭州	0.451	5	0.781	3	0.073	4	-1.576	8	-2.392	9
南京	-1.163	6	-0.046	5	0.864	3	0.293	4	2.454	1
天津	-1.733	7	-1.084	7	-0.268	5	0.190	5	0.519	4
西安	-3.339	8	1.224	2	-0.562	6	-2.101	9	0.861	2
重庆	-5.204	9	-1.624	8	-1.655	9	1.456	2	-1.124	8

由表 6 - 9 可知,南京创意城市建设排第六位。它在社会经济因子、创意人才因子、消费因子、环境因子、设施因子这五方面的排名依次是:第六位、第五位、第三位、第四位、第一位。由此可见,与创意城市建设排名较前的几个城市相比,南京在社会经济因子、创意人才因子方面较为落后。这两方面的薄弱,直接影响了南京创意城市建设的发展。而南京的设施、自然环境、人文氛围等软硬件条件已经优势明显,如何充分利用已有的良好条件,提高城市创意能力是南京创意城市建设应重点解决的问题。

表 6 - 9　九城市综合主成分分值及排名

城市	综合主成分	排名
北京	2.549	1
深圳	1.201	2
上海	1.077	3
广州	0.661	4
杭州	0.082	5
南京	−0.208	6
天津	−1.033	7
西安	−1.395	8
重庆	−2.934	9

6.3.2　南京创意城市建设纵向变化分析

虽然以 GDP 衡量城市的综合实力、考核政府的工作绩效一直带来许多争议,并且许多城市开始着手改革考评指标。但 GDP 作为一个宏观经济指标,无论如何都是一个考核地方发展的重要内容,在国际惯例上,GDP 更是衡量国民经济发展情况最重要的指标,也是政府决策的重要依据。一个城市 GDP 的增长速度不论快慢,总是政府工作的重点,有着足够的经济、政治驱动力去实现。为此,针对南京创意城市建设较为薄弱的几方面,本书选取 2000—2010 年南京市的相关数据,通过对不同指标与 GDP 发展之间的关系的纵向比较分析,以期发现这些指标的发展滞后或优先程度,从而对后文提高南京创意城市建设的策略建议起到指导作用。

1)人民生活水平

由图 6 - 4、图 6 - 5 可知,2000—2010 年南京市人民生活水平与经济总量发展水平同步增长,城镇居民可支配收入以及人均 GDP 与 GDP 增长线走势、曲率基本一致。从人均 GDP 和城镇居民可支配收入两个角度可以看出,南京市人民收入水平和生活水平处于积极良好的发展态势之下。

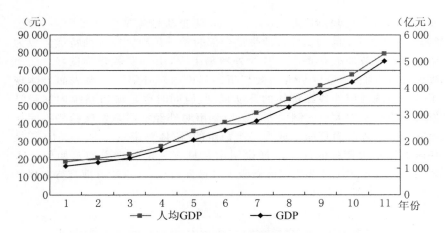

图 6-4　2000—2010 年南京市人均 GDP 与 GDP 总量增长示意图

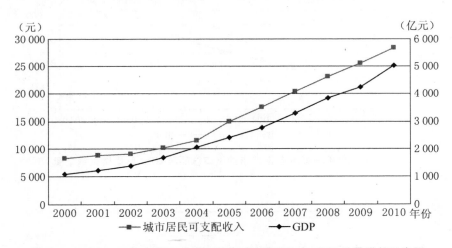

图 6-5　2000—2010 年南京市城市居民可支配收入与 GDP 总量增长示意图

2）城市对外联系

2000—2010 年南京市进出口贸易总额基本保持与 GDP 同步增长,但是南京市的实际利用外资在 2001—2004 年快速增长之后,2005 年大幅度下滑,之后逐步回升。长期以来,理论界一直把外贸依存度作为衡量一国(地区)经济开放度的重要指标(图 6-6 至图 6-8)。外贸依存度是一国(地区)对外贸易总额与国内生产总值的比值,用于衡量一国(地区)经济对国际市场的依赖程度。20 世纪 90 年代以来世界经济全球化进程主要发生在国际贸易与国际投资两个领域,其变动趋势是贸易投资一体化。2000 年后地处沿海与沿江开放带结合部的长三角地区以其独特优势成为中国对外开放的战略重心。从对外贸易上看,南京发展态势良好。然而吸引外资方面,南京则呈现一波三折的局面。对外经济联系表面上体现了城市系统与域外各经济体的互动程度,但同时也是城市系统内部经济发展环境吸引力大小的侧面表征。南京市对外经济联系发展趋势不明从一定程度上表明南京尚未成为一个稳定的"磁体"(南京 2000—2010 年接待国内外旅游者数的逐年增加说明南京具有一定的吸引力),如何让人才、资金、技术等生产要素能够被吸引并被保留住,南京这方面有待加强。

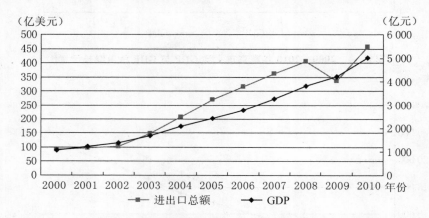

图 6-6　2000—2010 年南京市进出口总额与 GDP 总量增长示意图

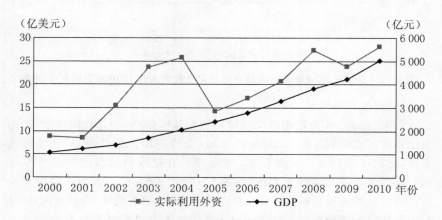

图 6-7　2000—2010 年南京市实际利用外资与 GDP 总量增长示意图

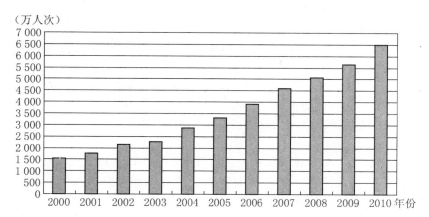

（万人次）

图 6 - 8　2000—2010 年南京市接待国内外旅游者数量增长示意图

3）中小企业发展

2007 年中国创意产业发展报告中指出，通过对我国创意企业的资产结构和营业收入结构的分析发现，资产总额在 50 万元及以下的企业占所有创意企业 40％以上，而营业收入在 50 万元及以下的企业更是占到所有创意企业的 60％以上。由此可见，资产额和营业额较低的中小企业数量在创意企业中占有相当大的比重，成为中国发展创意产业的主力军。严格地说，中小企业包括工业、建筑业、批发和零售业、交通运输和邮政业四大行业中符合一定条件的企业，但由于受统计资料的限制，本书仅能以 2000—2010 年南京市工业中的中小企业为研究对象。从图

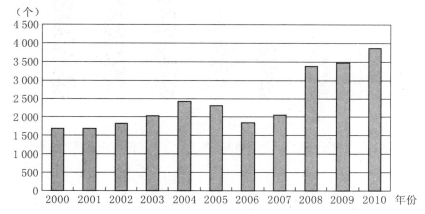

（个）

图 6 - 9　2000—2010 年南京市工业中的中小企业数量增长示意图

6-9中可以看出,在2008年之前,南京市工业中的中小企业数量在2004年达到顶峰——不足2 500个,2004年前后中小企业数量起起落落,2008年开始中小企业数量开始出现持续增加的态势,但是年增速较缓。与前文其他八个城市横向比较,2010年南京中小企业数量在九个城市中位列倒数第二,仅多于西安。因为数据的缺陷,不能肯定地说南京是一座不适合创业的城市。但是,横向与纵向的对比分析,总是能从一定程度上说明南京不太具有适合中小企业发展的外部环境。

4)创意产业发展

2004年以来①,在南京市经济连续保持年均两位数的速度持续增长的基础上,南京的文化创意产业增长速度始终超过全市GDP的增速。按照国家统计口径,南京市文化创意产业增加值2004年为58.63亿元,2005年为73.48亿元,2006年为90.67亿元,2007年为111.65亿元,2008年为132.16亿元,2009年为151.73亿元,2010年为187.84亿元,自2005年起分别增长25.3%、23.4%、23.1%、18.4%、14.8%、23.8%;全市文化创意产业增加值占GDP比重,2004年为2.84%,2005年为3.05%,2006年为3.27%,2007年为3.40%,2008年为3.46%,2009年为3.59%,2010年为3.75%(图6-10)。

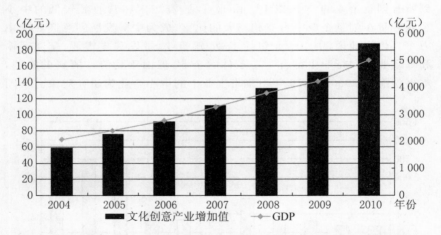

图6-10　2004—2010年南京市文化创意产业增加值和GDP增长示意图

---

① 由于2004年国家出台了《文化及其相关产业分类》标准,南京市关于创意产业的统计数据自2004年开始统一。

2004年,南京创意产业的就业总人数为193 038人,从创意产业的行业大类上来看,从事电信软件类行业的人数最多,占南京创意产业就业总人数的39.95%,就业人数最少的是影视文化类,就业人数只有1 578人,占总数的0.82%(图6-11)。2010年南京市创意产业从业人员达到37.75万人。从行业大类上看,依然是电信软件类从业人员最多,人数约达10万人。从业人员最少的行业为新兴的动漫行业,就业人数约为2 800人。

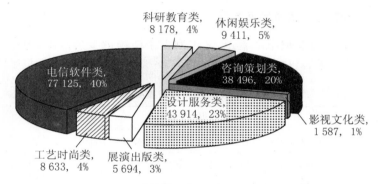

图6-11　2004年南京文化创意产业就业人数的行业分布情况(单位:人)

可以看出南京创意产业发展在政府的大力支持下,各类文化创意产业资源要素的整合利用正在逐步转化为经济发展的现实生产力,创意产业从业人员不断增加,创意经济发展态势良好。然而,南京的创意产业发展也存在一定的问题,例如当下南京创意产业园区建设同质化倾向的日趋严重,"产业同构"现象异常火爆。2004年12月24日"南京1912"盛大开街,2005年12月24日石鼓路"新乐园"试营业,2006年9月28日"水木秦淮"开街迎客。南京在不到1年半的时间内一下子出现10个业态相同的时尚休闲街区,商业面积近30万 m²,虽然规模较大,但规划和定位具有的同质化倾向,势必会影响到市场的有序竞争和发展。

6.3.3　小结

通过上述南京创意城市建设的横向比较评价和纵向变化分析,我们可以清楚地看出:南京创意城市建设的硬件基础设施(城市生态环境、公共服务设施条件等)已基本具备。一个城市能够向创意城市方向发展,需要具备以下条件:① 人才的自由流动和汇集;② 适宜的创造氛围,特别是人群对于各种创意的极大宽容、包容态度;③ 健康成熟的城市公共生活;④ 高水平的硬件支持条件;⑤ 城市内有相当部分市民为出现一种新的社会生活方式做好了思想和心理准备。推动南京创意城市发展的主要约束似乎都不在硬件基础和经济领域,而在那些改革尚不够深入的非经济领域。

6.4 提高南京城市创意的对策建议

6.4.1 制定创意城市发展战略

纵观世界创意城市的案例,无不制定了明确的发展战略,包括战略目标、行动纲领、具体项目计划和内容(表 6 - 10)。而且无论是地方政

表 6 - 10 南京文化创意战略重要事件一览表

时间	事件	
1982 年	南京被国务院认定为第一批全国历史文化名城	历史文化保护
1984 年	编制完成《南京市历史文化名城保护规划》	
1992 年	修编《南京市历史文化名城保护规划》	
2001 年	编制新一轮《南京市历史文化名城保护规划》	
2002 年	编制《南京老城保护与更新规划》	
2002 年 8 月	以当时市委书记李源潮在全市文化工作会议上的讲话为标志的"文化南京"战略正式启动	
2004 年	召开首届世界历史文化名城博览会	
2006 年 1 月	由政府机关、文化创意企业和高校科研机构组成的南京文化创意产业协会成立	
2006 年 8 月	召开加快文化产业发展工作会议并出台了《中共南京市委、南京市政府关于加强发展南京文化产业的意见》、《市政府关于加快文化产业发展若干经济政策的意见》、《关于加快发展文化创意产业的政策意见》等促进文化创意产业发展的一系列意见	文化产业发展
2006 年 9 月	召开第二届世界历史文化名城博览会,期间首次举办了中国南京文化产业交易会	
2006 年 9 月	《南京市文化创意产业"十一五"发展规划纲要》出台	

府,还是民间组织或是企业,都有专门的机构负责和推动文化创意产业的发展。目前南京市先后发布施行的涉及推进文化创意产业发展的政策和规划已经达到了33部(表6-11)。但是,这些政策和规划都是由宣传、文化、经委、广电、科技、新闻出版、旅游、体育等各个职能部门依据职权分别制定的,对各自相关领域文化产业发展确实起到了一定的推动作用;但不可否认地也出现了不同程度的政策和规划制定的部门化、部门利益制度化的倾向。而一些更为重要的政策和规划至今仍为空白。例如在编制南京城市总体规划、调整工业布局时,基本上没有考虑在主城区如何保留产业用地,如何利用原工业厂房建设适合于在城区发展的创意产业园区,既没有相应的详细规划和操作性强的政策规范,也没有对各类创意产业园区的发展数量,以及在各城区的分布做出总体规划。因此,南京要打造创意城市,市政府首先应组织有关部门与专家制定南京创意城市发展战略或规划,而且应发动企业与市民广泛参与这一过程,确立目标和方向,理解城市未来发展的理念,树立信心。

表6-11　南京市涉及推进文化创意产业发展的主要政策目录

序号	政　策　名　称
一	江苏省人民政府规范性文件
1	江苏省人民政府关于加快文化事业和产业发展若干经济政策的通知(苏政发〔2006〕113号)
2	江苏省人民政府办公厅转发省文化厅等部门关于加快动漫产业发展若干意见的通知(苏政办发〔2006〕129号)
二	南京市人民政府规章
3	南京市体育经营活动监督管理办法(南京市人民政府令第259号)
三	中共南京市委、南京市人民政府规范性文件
4	中共南京市委、南京市人民政府关于印发《南京市关于增强自主创新能力加快建设创新型城市的意见》的通知(宁委发〔2006〕11号)
5	中共南京市委、南京市人民政府《关于加快发展南京文化产业的意见》(宁委发〔2006〕37号)
6	中共南京市委、南京市人民政府关于印发《南京市文化体制改革综合试点总体方案》的通知(宁委发〔2008〕32号)

序号	政 策 名 称
四	南京市人民政府规范性文件
7	南京市人民政府关于实施《南京加快发展服务业行动纲要》的若干意见（宁政发〔2005〕132 号）
8	南京市人民政府关于鼓励支持和引导个体私营等非公有制经济发展的实施意见（宁政发〔2005〕136 号）
9	南京市人民政府关于印发《南京市科技发展"十一五"规划纲要》的通知（宁政发〔2006〕41 号）
10	南京市人民政府关于深化质量兴市大力推进名牌强市工作的实施意见（宁政发〔2006〕71 号）
11	南京市人民政府关于进一步加快推进实施"走出去"开放战略的意见（宁政发〔2006〕148 号）
12	南京市人民政府关于加快文化产业发展若干经济政策的意见（宁政发〔2006〕172 号）
13	南京市人民政府关于印发《南京市文化创意产业"十一五"发展规划纲要》的通知（宁政发〔2006〕195 号）
14	南京市人民政府印发《关于加快推进跨江发展的若干政策》的通知（宁政发〔2007〕1 号）
15	南京市人民政府关于加快南京会展业发展的若干意见（宁政发〔2007〕115 号）
16	南京市人民政府关于印发《南京市进一步推进软件产业发展的若干政策意见》的通知（宁政发〔2008〕82 号）
17	南京市人民政府关于加快南京金融业发展的意见（宁政发〔2008〕148 号）
18	南京市人民政府关于当前支持中小企业发展的意见（宁政发〔2008〕168 号）
19	南京市人民政府批转市经委等部门关于促进和支持企业开拓市场的意见的通知（宁政发〔2008〕217 号）
20	南京市人民政府批转人行南京分行营业管理部《关于支持扩大内需做好当前信贷工作的指导意见》的通知（宁政发〔2008〕212 号）
21	南京市人民政府关于扶持中小企业发展的若干意见（宁政发〔2009〕9 号）

序号	政 策 名 称
五	南京市人民政府办公厅规范性文件
22	南京市人民政府办公厅关于加快都市型产业园区建设的若干意见(宁政办发〔2006〕9 号)
23	南京市人民政府办公厅关于转发市文化局等部门加快文化产业发展配套政策意见的通知(宁政办发〔2006〕96 号)
24	南京市人民政府办公厅关于印发《南京市展览业管理办法》的通知(宁政办发〔2007〕47 号)
25	南京市人民政府办公厅转发市经委《关于培育发展制造业特色名镇(街)的意见》的通知(宁政办发〔2007〕162 号)
26	南京市人民政府办公厅转发市广电局《关于进一步推进动漫产业园区建设的若干意见》的通知(宁政办发〔2007〕174 号)
27	南京市人民政府办公厅关于转发市广电局《南京市动漫产业发展规划(2008—2012)》的通知(宁政办发〔2008〕49 号)
28	南京市人民政府办公厅转发市广电局《关于鼓励和扶持动漫产业发展的政策意见(修订稿)》的通知(宁政办发〔2009〕1 号)
六	中共南京市委宣传部等部门规范性文件
29	中共南京市委宣传部、南京市财政局关于印发《南京市文化产业发展专项资金管理暂行办法》的通知(宁委宣通〔2006〕48 号)
30	南京市经济委员会关于印发《南京市都市型产业园区、企业认定标准》(试行)的通知(宁经市字〔2006〕181 号)
31	南京市经济委员会、南京市财政局《关于印发〈南京市加快都市型产业园区建设财政补助和奖励资金管理办法〉(试行)的通知》(宁经市字〔2006〕191 号,宁财企〔2006〕515 号)
32	中共南京市委宣传部、南京大学文化产业发展研究院《南京市文化产业发展"十一五"规划纲要》(2007 年 3 月)
33	南京市会展经济领导小组《南京市专业性展览会等级划分评定实施意见》(宁会展字〔2007〕1 号)

6.4.2 重构具有创新进取意识的新金陵文化

在全球化的背景下,"以各种维度——政治的、经济的、社会的、环境的和安全的——展开的全球拓展中,文化资本是必备的"。影响一个地区经济发展的不光是产业发展,文化传统、消费方式以及生活方式以非物质的形态也具有重要作用。南京现有的城市文化是经历长期沉淀和历史变迁的结果,它的形成是动态过程中的相对静止,因此不能把文化看成是一成不变的,应该根据历史进程和外部环境的变化不断增加新的元素,使其获得新生命,焕发新气息。

南京文化虽然以兼容并蓄著称,但是由于缺乏创新意识,没有西安的汉唐文化的鲜明特色,甚至也没有苏州的吴文化、武汉的楚文化的鲜明特色。南京文化的缺憾恰恰在于:能够"吐故"但是不能"纳新"。南京的青山碧水孕育着金陵的水文化与山文化。水文化与山文化相映,是儒道合流的文化。这种儒道合流的文化在魏晋及南朝的表现形态是玄学,其特征之一为魏晋名士风度。这种魏晋名士风度在南京人身上的残留,被戏称之为"南京大萝卜"。这种"南京大萝卜"式的特色文化有正面价值,也有负面价值,前者表现为纯真朴实、厚德载物等,后者表现为自由散漫,缺少现代观念和创新意识。

迄至今天,创新意识的缺乏,在南京仍旧普遍存在。从表面上看,对外,南京似乎比任何一个城市都更多地表现出了一种开放的姿态,但这只是被动的无奈,而不是主动的选择;对内,南京似乎也开始有了一种参与历史的渴望,可惜的是南京却往往给人一种盲从、跟风与粗制滥造的印象。这说明,南京始终没有树立起一种"创新"的意识。纷纭历史走马灯般在南京舞台上的反客为主,使得只能作为洁身自好的"看客"——南京缺少了一种任何一个城市都必须具备的文化自豪感与心理的定力。而一个没有文化自豪感与心理定力的城市,自然也就不可能具备任何的心理凝聚力。而一个缺少心理凝聚力的城市,是绝对不可能自我孕育出任何一个城市都必须具备的"创新"意识的。可是,倘若没有"创新"的意识,那未来的南京又在哪里?

笔者认为,犹如南京已经开始走出长期为内陆文化传统所束缚的"内秦淮河时代"、"内河时代"而进入了为开放文化所推动的"外秦淮河时代"、"长江时代",南京在继承发扬兼容并蓄等优秀品质的同时,应该重构具有创新进取意识的新金陵文化。引导市民进一步解放思想,更新观念,破除与现代化建设和市场经济发展要求不相适应的旧观念、旧思想,如"等、靠、要"的依赖思想,求稳怕变、怕担风险的保守思想,不思进取、甘居中游的平庸意识等。要引导市民树立远大的理想,立大志,创大业,勇于到市场经济的大海中搏击风浪,并把自己的事业同城市发展与社会发展融为一体(表 6－12)。

表 6－12 新时期南京市民精神解读

开放开明	"开放"是党和国家的基本国策,也是南京市富民强市、现代化建设的基本市策;开放意识是广大市民和各级干部必备的素质;"开明"意味着思想开通,不僵化,不保守,明智宽容,与时俱进
诚朴诚信	"诚朴"与南京市民所具有的"朴实、坦诚、淳朴"之性格相一致;"诚信"既与传统文化中"诚"与"信"的美德相契合,更体现了市场经济与现代化的要求,为当前急需塑造与强化的精神
博爱博雅	"博爱"上承古代"仁爱"、"泛爱众"和"同胞物舆"之胸怀,近承孙中山先生倡导的"天下为公"和"博爱"精神;又由于南京在二战期间所遭受的深重伤害,在全国乃至世界率先提出"博爱"的精神,更显出南京人的恢宏气度与阔大胸襟,必将在世界产生影响,也有利于公民道德意识之培养;"博雅"则意味着博学多才并隐含文雅、雅致的意思,对于创建学习型城市和提高市民素质均有引导之意
创业创新	创业创新是一个城市、一个国家能够不断向前发展的根本动力,也应当是南京市民在新的世纪迎接新的挑战、创造新的辉煌的关键所系和希望所在,是新时期南京市民所应当加以塑造和提倡的精神素质与品格

6.4.3 大力引进和培育创意人才

发展创意城市的重点是以科技进步和文化创意作为经济社会发展的首要推动力,以自主创新来促进经济结构调整、增长方式转变以及核心竞争力提高,实现"制造"向"创造"迈进。因此,创意城市需要创意人才的智力支撑。

在《2007 年南京市文化创意产业发展年度报告》中,对南京创意人才匮乏这个瓶颈的问题进行了描述,其主要表现是:① 相当多的创意产业业内人士对文化产业的属性和规律没有完全把握或完全没有把握,对创意经济和创意产业更是知之甚少。创意产业基础理论和知识技能的匮乏,严重阻碍了南京创意经济的发展。② 通晓创意经济和创意产业内容又擅长经营管理的管理者和灵感迸发、创意迭现的创意俊才严重匮乏,创意人才的缺位形成了行业发展的桎梏。③ 创意经济和创意产业的理论研究队伍中复合型人才较少,大多数研究人员知识结构不合理、学科规范缺乏、视野狭窄,缺乏对创意经济和创意产业规律的深入研究和探讨。④ 南京培养创意产业人才的机制尚未成熟,南京高等院校增设的文化产业学科教育与南京创意经济和创意产业发展的实际需求差距很大。⑤ 由于南京高校和科研院所的资源非常雄厚,可以预测,南京创意人才的储备基数很大,但是真正能从创意产业实践中脱颖而出的人才很少,能够达到高端要求的有效人才就更少,这证明南京创意产业的人才发掘机制尚未形成(表 6-13)。

表 6-13　南京仙林大学城和江宁大学城高校分布情况一览表

	部属高校	省属高校	市属高校
仙林大学城	南京大学	南京师范大学、南京中医药大学、南京体育学院、南京财经大学、南京邮电大学	应天学院、南京森林公安高等专科学校、南京理工大学紫金学院、南京信息职业技术学院、南京工业职业技术学院
江宁大学城	东南大学、南京航空航天大学、中国药科大学、河海大学、金陵协和神学院	中国传媒大学、南京医科大学、南京工程学院、江苏经贸学院、南京交通技术学院、江苏海事学院	南京晓庄学院、金陵科技学院、金陵旅馆管理干部学院

　　针对南京在创意人才方面存在的问题,本书认为南京首先应该制定可行性和操作性强的人才引进政策,构建文化创意产业人才支持体系,打造人才"磁体",特别是吸引汇聚具有国际化视野的高端创意人才和既懂文化规律又懂文化经营的管理人才来南京工作,并吸引和留住高素质文化创意产业人才落户南京,形成人才的集聚效应,使南京成为各类人才最具有吸引力和最能发挥专长的城市之一,大力吸引各地人才到南京来发展文化创意产业。其次,积极举办国际性大型设计艺术展览,打造设计师们互相交流碰撞的平台,推动设计师与国内、国际设计界进行广泛的对话与交流。营造自主创新的良好环境,使创意设计走上良性健康的发展轨道。

6.4.4 建设标志性的创意产业集聚区

建设创意产业集聚区、培育创意产业是增加城市发展的新引擎。建立和扶持一批文化创意产业园区和产业基地,引导分散的资源和项目尽可能向园区集中,强化园区"孵化器"功能。引导各集聚区形成清晰的产业定位,精心论证、科学规划园区内项目的布局,实现错位发展,避免同质化竞争与过度竞争。根据不同企业在产业链上的位置,规划集聚区的产业结构,激励集聚区内不同企业互补合作,形成规模经济。加大扶持力度,对进入园区的文化创意企业,在土地使用、人才引进、规费减免等方面实施优惠政策;着力培育和打造一批具有较强实力、竞争力和影响力的文化创意龙头企业或集团,使文化创意企业真正成为市场主体;吸引国内外文化创意品牌企业落户园区,促进产业的集聚和发展。

文化创意产业集聚区内公共服务平台是以资源共享和产业服务为核心,集聚和整合政府、企业、科研机构及高校的文化创意条件资源,运用信息、网络等现代技术,形成物质与信息服务平台,通过建立共享机制和运营管理组织,为文化创意产业发展提供公共便利,共享服务网络、体系或设施。

建立公共服务平台的监管机制,在政府公共服务平台总体规划和政策引导下,落实文化创意产业各行业领域公共服务平台的建设部门职责,建立有效的平台治理机构。文化创意产业聚集区,应集中建设公共服务平台,提供综合服务,为企业发展提供一揽子解决方案。政府部门是园区集中服务、综合服务的主要供给主体;企业是技术应用、成果转化等专业服务平台的依托主体;高等院校和科研机构是成为知识和技术支持服务的主体。这四大服务供给主体要相互联系、相互作用、互为支持,最终形成有利于产业发展、创新的服务网络。

7 南京创意空间实证研究

作为集聚创新、创意活动的场所,创意空间将是 21 世纪大都市的重要功能单元,然而现实世界中又以科研院所、大学科技园、高新技术开发区、都市型工业园、创意产业集聚区、文化基地等雏形存在。抛开各种不同名称,从性质与功能上可将其归为两类:① 基础研发活动主导的创意空间,如科研院所、中试基地等;② 创意产品化或产业化主导的创意空间,如大学科技园、文化/创意产业园、高新区、都市型工业园、工作室等。如果从创意经济活动的物质空间建构角度看,其尺度可分为五层:① 单个创意企业或创意大师的工作空间,基本上是建筑物单元,可认为是创意空间的最基本组分;② 具有部分功能的楼宇、办公楼等建筑群体或院落;③ 具有全部功能的园区或街区或社区;④ 将部分功能鲜明定位的有一定边界的城区;⑤ 具有明确界限和鲜明功能定位的创意城市。根据实际城市建设实践,创意园区即创意产业集聚区是创意空间尺度组织的最基本的单元。本书的创意空间研究重点基于对创意产业集聚区的研究范畴。

7.1 南京创意空间建设概况

截至 2009 年 12 月底全市有各类建成和在建文化创意产业园区约 50 个(表 7-1,图 7-1、图 7-2),投资总额 100 多亿元,文化创意产业园区占地面积近 0.1 万 hm^2(1.5 万亩),建筑面积约 300 万 m^2,入驻企业达到 2 000 多家。逐步形成了现代艺术创意基地、综合型创意产业基地、网络游戏与动漫创意基地、影视创意基地、传统书画艺术创意基地、民间工艺创意基地、传统文化产品生产销售基地计七种主要类型。江苏省文化产业集团、江苏省演艺集团有限公司和江苏爱涛艺术精品有限公司先后被命名为国家文化产业示范基地;南京软件园被命名为"国家动画产业基地";南京 1865 被命名为"江苏省现代服务业集聚区(创意产业)";南京 1912、西祠街区先后被命名为江苏省文化产业示范基地。江苏文化产业园、创意东 8 区、南京石城现代艺术创意园、西祠街区、幕府三〇工园、南京数码动漫、红山创意工厂等 28 个园区被命名为南京市

表 7－1　2011 年南京文化创意产业园区名单

序号	文化创意产业园区名称	序号	文化创意产业园区名称
1	南京 1912 时尚休闲街区	25	南京创立置业策划创意园
2	南京世界之窗创意产业园（创意东 8 区）	26	华宏科技创意产业园
3	西祠数字网络文化产业园（西祠街区）	27	南京红山创意工厂产业园
4	幕府智慧产业园（幕府三〇工园）	28	南京圣划艺术馆（南京创意市集）
5	晨光 1865 科技创意产业园	29	明城汇创意休闲街区
6	南京石城现代艺术创意园	30	中国现代玉文化创意产业园
7	南京高新动漫	31	南京六合宇扬雨花石文化园
8	紫金山动漫 1 号	32	南京市浦口区佛手湖建筑展览园
9	南京数码动漫	33	南京普天通信科技产业园
10	江苏工业设计园	34	雨花科技创业园
11	南京市文化创意产业园	35	江东软件园
12	南京亚洲创新创意产业园	36	新城科技园
13	金城科技创意产业园	37	南京长江科技园
14	中国南京幕府山国际休闲创意产业园	38	华电都市产业园
15	南京广告文化科技产业园	39	南京工业大学科技创新园
16	河西新城 CBD 国际创意产业园	40	南京国际中医药科技产业园
17	南京市禾盛文化创意科技产业园	41	南京高新生物创业园
18	石头城 6 号创意产业园	42	南京节能科技产业园
19	南京清凉山创意产业园	43	南京通济都市创意产业园
20	南京 AGH 创意产业园	44	南京曙光科技创意产业园
21	南京 1949 创意园	45	南京山泉健康文化产业园
22	南京宏光织造创意产业园	46	南京天安工业创意园
23	南京都市创意产业园	47	南京国际健康都市产业园
24	724 所创意产业园	48	南京十朝文化博览园

市级文化产业基地。2008年南京市重点园区在建立和完善多种公共服务平台和公共技术平台建设上又开创了新路径，如：由南京文化创意产业协会和创意东8区共同创办的南京首个原版设计类图书会所——Design 8（简称D8）于2008年12月21日在创意东8区正式对外开放。D8囊括了来自瑞士、德国、法国、日本、美国、新加坡、澳大利亚等183个国家和地区的设计类原版专业图书，内容几乎涵盖了室内设计、产品设计、广告设计、工业设计、动漫设计、装帧设计、服装设计、时尚摄影等所有设计行业门类。D8为入驻企业的创意设计人员提供了全方位的公共服务，也将成为南京创意设计界交流、学习、聚会、研讨的专属集聚地。

图7-1　南京主城区文化创意产业园空间分布

图 7 - 2　南京部分文化创意产业园实景照片

7.2　南京创意产业集聚区重点案例介绍

7.2.1　南京世界之窗文化产业园

　　南京世界之窗文化产业园(原江苏文化产业园)坐落于板仓街 9 号,东接沪宁高速公路、北通长途汽车站、西靠南京火车站、南临北京东路,区位优势极为明显。产业园前身为 1952 年成立的南京电影机械厂。2004 年 11 月由南京顺天实业集团完成了该厂区经营权的置换改造,于2005 年 9 月全面对外招商。

　　南京世界之窗文化产业园占地面积约 6.67 hm²(100 亩),其中可供营业的房屋面积有 38 000 m²。产业园规划划分为生产区、研发区、培训区、办公区、生活区及休闲活动区。与之配套建有 1 000 多 m² 的商务餐厅一个，3 000 m² 的商务宾馆一个，休闲茶艺馆、网球场、游泳池、会务多功能厅、科技产品展示厅、200 个停车位等相关设施，以及山水风景观光厅、园中花园等。产业园空气清新、树木繁茂，既保留了原厂区青砖坡顶的古朴格调，又有现代艺术气息独具的艺术品展览馆和动漫城，还有大型景观瀑布和屋顶花园点缀其中。打破了以往其他园区单一狭小的写字楼格局或交通不便的状况，实现了真正意义上的市中心花园式产业园区。

南京世界之窗文化产业园打造以动漫动画制作、音像产销、书画艺术创作、图书出版与发行四大板块为主的大型专业文化产业基地。截至 2009 年底，入驻各类文化企业为 100 余家。进驻公司的类型主要是：研发设计类、文化传媒类、建筑设计类、咨询策划类、艺术设计类等。产业园对入园企业提供"保姆式"服务，扶持企业发展壮大。为入园企业提供科技立项、产品认定、专利申报、技术成果鉴定、投融资、信息交流、产品展示推广、人才交流、人事代理、免费培训等服务。

7.2.2 创意东 8 区

创意东 8 区坐落于南京市白下区光华东街 6 号，东临 600 多年历史的光华门城墙，城墙外是南京市著名的景观湖泊月牙湖。东 8 区前身为南京蓝普电子股份有限公司、南京汽车仪表厂、南京电子陶瓷总公司三家企业的厂区。园区内留有数十幢保存完好、内部空间宽敞、形态丰富的老厂房，并且留存了工业历史的特色痕迹。

2006 年 3 月，创意东 8 区完成厂区资产经营权的置换，进行整体规划涉及，改造工作正式启动。2006 年 4 月，创意东 8 区成立投资运营主体。2007 年，创意东 8 区荣获"中国创意产业最佳园区奖"[①]，跻身当年全国 10 个最佳园区之列。

创意东 8 区共分三期开发。遵循"保留原有建筑外貌，体现艺术创意性"的开发原则，一期创意设计园占地 3 hm²（45 亩），建筑面积 3.5 万 m²，按照"三厂区、六分区、环形商业街区"的规划布局，以"上场

---

① "中国创意产业最佳园区奖"是"中国创意产业年度大奖"奖项之一。"中国创意产业年度大奖"奖项之一由中国北京国际文化创意产业博览会办公室和中国版权保护中心联合主办，是国内文化创意产业方面的最高奖项。该评选设置了推动奖、最佳园区奖、领军人物奖等多个奖项，旨在表彰本年度在文化创意产业领域做出杰出贡献的专家、学者、企业家、创意园区以及优秀创意企业代表。

下店"的模式打造创意行为艺术街区。二期文化动漫园强调产业功能与建筑意念的呼应,通过进一步区分动漫、科技、设计三大领域,明确功能定位。三期文化传媒园结合园区产业定位与同类园区的竞争格局,以广告传媒为主导。设计者通过优化设计与建筑改造,形成感怀昔日工业之美的独特艺术魅力。老厂房的历史文脉与想象空间为创意企业充分展示自我个性文化提供广阔舞台。

创意东8区的服务团队致力于吸引国内外的设计公司(工作室)、咨询策划机构、原创商业服务机构、个性品牌专营以及其他创意产业机构,建立服务于此类产业领域的中介、展示和交易平台。通过营造良好的办公商务环境,衍生促进创意产品的交易以及各类个性化服务的提供。其中,最值得一提的是服务平台建设:园区有创意企业的会展平台,行业信息交流平台以及企业的综合服务平台。综合服务平台和街道办事处、区政府、市政府保持密切合作,为企业提供更加便捷的商务和政务服务。联合金融机构,举办创业联保贷款的推介会,为企业寻找更多的融资渠道。

创意东8区目前已吸引了近170家创意型企业入驻,包括以唐生装饰、展迪设计为代表的建筑设计公司,以大贺传媒为龙头的文化传媒类产业,以感知营销为代表的咨询策划机构,以波西摄影灯为代表的知名视觉艺术类工作室,以及以任辉陶艺为代表的时尚消费类产业。

7.2.3　南京红山创意工厂产业园

南京红山创意工厂产业园坐落于南京城北中央门核心地带,地址为下关区黄家圩41-1号。产业园南邻南京火车站、西南临南京长途客车站、东靠红山公园。产业园前身为南京工程机械厂厂区,是新中国成立以后南京规模最大的大型国有企业。2005年下关区政府成立了"南京红山创意文化产业管委会",响应南京市加大工业布局调整力度、盘活工业企业主城区存量资产、大力发展与城市功能及生态环境相适应的创意文化型产业的要求。2006年由南京创立置业策划开发有限公司承租并通过专业化市场运作机制对园区进行统一的规划、设计、改造、招商及运营管理。

南京红山创意工厂产业园占地面积3.4万 m²,建筑面积4.2万 m²,总投资4 600万元,是南京市文化产业发展的重要基地,2007年产业园被列为南京市"十一五"规划都市型产业园区十大重点推进项目之一,2007年6月被南京市中小企业局确认为"南京市中小企业创业基地",2008年6月被南京市委宣传部南京市文化产业领导小组授牌为"南京市文化产业基地"。

南京红山创意工厂产业园计划吸纳 120 家创意企业入驻,实现 2 000 人以上的知识型人才就业,目前产业园入驻企业 74 家,就业人数 1 100 多人。截至 2008 年 12 月,全年产业园入园企业注册资金总计达 3.05 亿元,实现税收 679.9 万元。以文化理念带动文化主题的发展支撑产业园建设,是园区理性而清晰的文化理念。南京红山创意工厂产业园近几年一直尊重文化发展规律,坚持经济运作理念,以高水准艺术家为核心,以高素质代理人、经纪人队伍为基础,以相关服务业为重要组成部分,面向收藏家、艺术爱好者、普通老百姓,打造"文化服务业—艺术家—经销商—消费者"这一产供销相互联系的文化产业链条。

南京红山创意工厂产业园内自然环境优美,文化氛围浓郁,自然生态和谐融合,为入园企业提供了不可多得的花园式办公环境,堪称"红山脚下的创意梦工厂"。产业园在老建筑里面上采用修旧如旧的创新理念,融入现代感十足的槽钢、玻璃、大方块状几何体,与"山体、森林、老工厂"形成强烈视觉冲击,布局自由,空间开阔,涌动着浓郁的先锋艺术气息。产业园区文化企业利用红山创意工厂产业园的厂房独特性,建成了独具创意和艺术气息交融的馆所、艺术展厅,并且改变传统美术馆的运作模式,以策划和承办中小型画展为主,策划举办了行业产品展洽会及各类大型文化活动,形成了以艺术会展为中心带动其他相关产业发展的趋势。

7.2.4 创意产业集聚区模式总结

从上述三个创意产业集聚区基本情况介绍中,我们可以清晰地看到,其相似之处,同样都是旧城区老厂房改造,投资金额类似,着重于平台搭建,为产业园入驻企业提供一条龙服务,在积极引进龙头企业的同时,培育和孵化中小企业。并且,从规划初始就注重引导园区的产业发展方向,为避免同质化竞争,不同园区的产业方向设置不同。同时,为打造完整的产业链,鼓励同一园区内部同种业态并存。这种经营模式,有利于拉长产业链,提升园区的品牌效应,推动整个产业的发展。另一方面,避免了园区处于低层级运作、重复建设严重、资源浪费等情况发生。从某种意义上来说,分担了政府部分产业结构调整和统筹规划的任务,起到了良好的社会效应和经济效益。

不同之处在于,类似于南京红山创意工厂产业园,该类由政府主导推动的创意产业园,在一开始,便根据南京文化产业发展的特点为自身确立了一个清晰的定位,即在政府整体规划和引导下,按照兴办经济开发区的模式,以优惠的产业政策招商引资,招才引智,吸引省内外的艺术家、文化产品经营者和文化中介组织向园区集聚,逐步营造文化氛围,形成文化特色,打造文化品牌。

同时,该类产业园充分利用省市区关于都市产业园的优惠政策和资源,可为入园企业提供服务平台,具体包括:

(1)政务平台。平台聚合政府资源,争取政府政策支持,除了为入驻企业提供工商注册、税务登记等一站式服务外,还将为入驻企业提供良好的投资环境;成立园区管理委员会,通过政府部门在促进企业发展和园区建设上做好服务工作,充分发挥园区管委会的服务工作。

(2)资金平台。平台聚合社会资源为入驻企业提供资金支持,一是积极协助企业获得政府各种科技成果申报奖励资金,二是与投资公司建立合作伙伴关系,搭建融资平台为入园企业服务。

(3)综合性服务平台。平台给园区企业提供完善的配套服务。如——提供研究、创作、展览、经营的场所,以及政策、融资、法律和市场等方面的服务,将企业优势、政府政策、社会资源及高校资源共同融合,促进文化交流,促进创意成果转化,降低企业的风险和成本及创业门槛,提高企业成活率和成功率,加快企业的创业速度。

7.3 南京创意产业集聚区的区位选择和空间布局

创意产业集聚区源于文化和创造力,是社会经济高度发达的后工业社会的产物。在此,文化和个人创造力成为主要考虑因素,信息成为影响区位的关键因子,自然环境、原料、劳动力、运输等自然因子有别于传统工业社会对产业布局的影响作出相应调整。

7.3.1 传统区位理论及发展新动向

区位理论是研究经济行为的空间选择及空间内经济活动的组合理论。简单地说就是研究经济活动最优的空间理论,即研究经济行为与空间关系问题的理论。由于人类经济活动领域和空间是处于动态变化之中的,因此对区位的认识随着时代的发展有不同的理解。

1)古典区位论

古典区位论是区位理论的基础,它包括杜能的农业区位论、韦伯的工业区位论和克里斯塔勒的中心地理论。

杜能的农业区位理论是产生于农业经济时代,那时社会面临的问题是人类如何选择作为其主要经济活动的农业活动的场所。杜氏理论提出，影响农业空间布局最重要的区位因子是运费，由于运输效率低下，距离的远近不仅关系到运费的多寡，也决定了农业生产的具体类型，从而决定了农业空间分布的相应模式。才能在做了若干假设以后，以城市为中心，由内向外划分了六个农业圈。

随着欧洲工业化和城市化的迅速发展，经济学家开始关注工业的区域配置问题。1909年，韦伯创立了工业区位论。韦伯通过分析某些工业生产与分配过程，指出影响工业区位的因子有运费、劳动力、集聚三个因子，并提出了工业区位论的三个法则——运费指向论、劳动费指向论、集聚指向论。运费指向论主要使用原料指数判断工业区位指数，解决在给定原料产地和消费条件下，如何确定运费最小的区位。最小运费指向是韦伯工业区位论的骨架。劳动费指向论的基本思路是：在低廉劳动费地点布局带来的劳动费用节约额比由最小运费点移动产生的运费增加额大时，劳动费指向就占主导地位。决定劳动费指向有两个条件：一是基于特定工业性质的条件，该条件是通过劳动费指数和劳动系数来测定；二是人口密度和运费率等环境条件。在集聚指向论中，韦伯用成本指数来作为集聚指向的标准，认为集聚的经济效益可通过两种类型来实现技术集聚和社会集聚，并对技术集聚做了重点研究，提出集聚引起三种地域经济类型——地方性经济、城市性经济、中心区工业。

到20世纪30年代，随着经济活动集聚的进程加速，城市逐渐成为工业、交通的集中点，商业、贸易和服务业的聚焦点，人们对城市的关注日益增多。在这种社会经济背景下，德国地理学家克里斯塔勒提出了聚落分布呈三角形，市场区域呈六边形的空间组织结构的中心地理论。克氏理论致力于探索决定城镇数量、规模和分布的原理，提出中心地的等级和中心职能是相互对应的，中心地等级越高，中心地数量愈来愈少，服务半径却逐渐增大，提供的商品和服务的种类也随之增加。中心地的空间分布形态，受市场因素、交通因素和行政因素的制约，形成三种不同的中心地系统空间模式。在市场作用明显地区，以最有利物质销售为原则，形成合理市场区；在交通作用明显地区，各个中心地布局在两个比自己高一级的中心地交通线的中点；在行政职能突出的地区，低级中心地从属于一个高级中心地。

2）近代区位论

近代区位理论包括费特尔的贸易区边界区位理论、俄林的一般区位理论、廖什的市场区位理论。

费特尔的贸易区边界区位理论认为,任何工业企业或者贸易中心,其竞争力都取决于销售量,取决于消费者数量与市场区域的大小。但最根本的是运输费用和生产费用决定企业竞争力的强弱。每个工厂企业单位产品的运费越低,生产费用越小,其市场区域就会扩大;反之,市场区域会在竞争中逐步缩小。因此,根据成本和运费的不同假设,提出两生产地贸易分界线的抽象理论。

俄林的一般区位理论认为,地区是分工和贸易的基本地域单位。从一国范围来看,国内各地区由于生产要素价格的差异,既导致区际贸易的开展,又决定国内工业区位的形成;从国际范围来看,各国生产要素价格的差异,既导致国际贸易的开展,又决定国际范围内工业区位的形成。强调原料产地、工业区位、销售市场三者的依存关系。

廖什的市场区位理论认为,大多数工业区位是选择在能够获取最大利润的市场地域。提出区位的最终目标是寻取最大利润地点。生产和消费都是在市场区中进行的,最低成本、最小运费的区位并不能保证利润最大化,最佳区位不是费用最小点也不是收入最大点,而是收入和费用的差的最大点即利润最大点。因此,他把与工业产品销售范围联系在一起的利润原则看成是工业区位的决定因素,而不是工业的最低运输成本。

3)现代区位论

现代区位论出现于 20 世纪后半期,随着现代西方宏观经济学的发展,学者们逐渐从一种宏观经济的角度来考察工业区位。不像以往着重分析个别生产要素价格变动及其对工业区位趋势的影响,而是着重于全国范围和区域范围的国民生产总值和国民收入的增长率的国际的、区际的差异同工业区位形成的关系的考察,及全国范围和区域范围资本形成的特征和投资率的差异、失业率和通货膨胀的地区差异,以及它们对工业区位移动影响的研究,并关注生态环境平衡等方面的问题。主要的流派有:

胡佛、艾萨德为代表的成本—市场学派。他们认为最大利润原则是确定区位的基本条件,关注成本与市场的相互依存关系。

以普莱德为代表的行为学派。运输成本将成为次要因素,人的地位和作用日益成为区位分析的重要因素。

社会学派。他们认为影响区位配置的还有政府政策的制定、国际军事原则、人口迁移等因素,探讨政府对区域经济发展的干预。

此外还有历史学派和计量学派。

4）新经济下的区位理论新发展

新经济的产生是以新技术的高速发展为基础的，尤其是信息技术的广泛应用，彻底改变了经济的运行模式，在这种背景下，经济全球化和一体化成为最显著的特征，知识成为经济的主要驱动力，它打破了传统区位理论的束缚，从时间和空间上极大地扩展了经济活动的内容与方式。学术界对产业的区位选择和空间布局研究更加深入，进一步丰富了区位理论的内涵。

（1）知识源及其易达程度

新经济产业发展的最大动力就是创造、利用和积蓄高质量的知识，所以新经济产业布局必须考虑知识源及其易达程度。一般认为有如下几种知识源：大学和科研机构、政府的研究开发机构、工业综合体的研究与开发机构网络等。这些机构可能成为新经济产业的重要组成部分或者成为高新技术产业集聚体的核心。传统区位理论几乎不考虑知识源对产业布局的影响，重点考虑原料、劳动力等因素对产业区位的影响。因为在传统的区位理论中，知识还不是生产要素，虽然考虑技术因素对产业区位的重要性，但技术可以通过一次性购买并长期使用。

在新经济时代，知识是新经济产业的重要生产要素，知识的更新远比技术的更新快，以知识为重要生产要素生产的产品，其更新换代的速度只相当于过去的几分之一。因此，知识源及其易达程度就成为影响新经济区位的决定因素。

（2）风险资本的可获得性

知识的创新是新经济发展的关键，而知识的创新与风险资本有密切的关系。知识的创新需要有大量的资本投入作为后盾，并且这种投入的效益难以预测。有资料显示，知识的创新活动成功率不到10%，也就是说，知识创新所需要的资本投入具有高风险性。一般来说，只有大公司、政府及风险资本公司才有能力进行风险资本的投资。对于新经济产业，尤其是生产无形的知识为产品的产业，选择易获取风险资本的区位就显得至关重要，而这些产业的区位又往往因风险资本的不同而不同。大公司的风险资本投资往往集中在公司的总部或总部附近的地方，这主要是由有利于公司的管理、决策和传输信息的原因所决定。风险资本公司的投资则选择信誉好、潜力大、市场竞争强大的知识创新机构，这是由于风险资本公司的投资要与其经济效益密切相联系所决定。

总体来说，无论何种风险资本，大多数集中在大都市或其郊区，因为这些地方集中了大公司的总部,而且社会文化环境一般都较好。传统区位理论一般很少考虑风险资本因素对区位的影响,因为传统产业的创业风险主要不在产品的开发而在产品能否占有市场上,产品的市场风险因素可以预测。

（3）社会文化环境

在新经济产业中,知识不但是重要的生产要素,还是决定经济增长的因素。知识的创新和创新的知识是新经济产业布局的最重要条件,但知识的创新和加工必须具备良好的社会文化环境。社会文化环境因素包括社会环境和文化环境两个因素。前者包括基础设施、政策环境和投资环境等,它为新经济的发展提供可能性;后者主要指历史文化背景、当前文化水平和居民的文化素质等,它是新经济布局的重要条件。在传统的经济区位中,几乎不考虑文化环境因素,因为知识不是传统经济中的生产要素,劳动力文化素质的高低不是产业布局的重要条件。而在新经济中,知识是最重要的生产要素,知识的创新和知识的储蓄需要良好的文化环境条件,而良好的文化环境和社会环境结合则往往能吸引新经济的布局。

（4）信息网与运输网

传统的区位理论中,运输因子对产业布局具有十分突出的影响,原料和产品的运输费用是产业布局的重要参数。在新经济时代,随着经济和科技水平的突飞猛进、现代运输网和信息网的结合、产品的知识含量大大提高,使得运费这一参数对新经济产业布局的影响越来越小。但是,信息网和运输网的发育程度对信息流和知识流的作用却越来越重要。发达的信息网使得知识的广泛传播成为可能,也就是说,在远离知识源的地方,只要信息网发育程度好,也可以获得知识这一生产要素。

7.3.2　创意产业集聚区布局的因子分析

1）地理因子

地理因子主要指天然或长期历史形成的地理因素,反映了一个区域的地理潜质,其包括两个方面内容,第一是空间位置,第二是自然环境。空间位置指某个地区在更大区域中的坐标点及其与关键区域的空间关系,例如与首位城市的空间距离,与经济发达区域的空间距离等;而自然环境则更多地反映了自然状况对经济发展和生活舒适度的影响。在工业化时期,产业区位选择的地理因子主要考虑点在于趋向靠近原材料、燃料产地,以运输成本最低为区位选择原则。随着技术的发展,运输费用不断下降，信息成为更为重要的区位选择因子。从而，区位选择从靠近原材料产地转向靠近消费市场，城市成为大多创意产业的首选区位地，创意产业集聚区更是如此。但需指出的是，创意产业集聚区由于是更高级的产业区形态，需要有激发灵感和创造力的自然环境和人文环境，而不仅仅是市场因素。因此，具有宜人的自然风景、文化多样化、历史建筑和阳光天气、温和气候等条件和地理位置优越的城市和城区，已成为创意产业区区位选择的必要因素。所以南京创意产业集聚区在紫金山麓、玄武湖畔、狮子山脚皆有布局。

2）资源因子

资源一直是企业追逐的目标，资源因子包括自然资源和生产要素资源两类。自然资源主要指土地资源、水利资源、林木资源以及矿产资源，作为初级生产资料，对于资源消耗性企业具有较大的吸引力。而创意产业关注的是生产要素资源，主要包括劳动力资源、资本资源及信息资源三个方面。

劳动生产从价值贡献上分为创造性劳动和一般劳动，从生产方式上分为脑力劳动和体力劳动。创造性劳动和脑力劳动具有稀缺性，所以价值相对比较高，而一般劳动和体力劳动具有普遍性，所以相对廉价。为此，可以把劳动力分为创造性人才和一般劳动力。一般而言，在生产型产业群落中，比较强调劳动力成本，因此更多注重一般劳动力的便利获得。而创意产业集聚区既有创造性劳动，又有脑力技术劳动，在劳动力上更强调创造性人才的获得，尤其是创意人才的获得。在此，人才成本不是主要考虑因素，价值和创造力成为首要因素。所以在区位选择上，创意产业集聚区需要更多地考虑创意人才的便利获得。

在早期的工业区位论中信息并不是重要的区位因子。随着新经济和网络社会的到来，由于信息的获得和传播越来越快，信息技术的发展又使信息传播的范畴越来越广，信息的获得渐渐成为新产业布局的重要区位因子，甚至是决定性因子，比如高新技术产业。在这其中，竞争力不再是不可以移动的物质资源，而是可以高度移动的脑力和创造力，这源于信息本身改变了整个经济的运行规则和思维逻辑。对创意产业集聚区而言，信息对区位选择的影响主要有三个方面：① 创意产业要求有想象力，能有异想天开的别样思维，但如何把这"异想天开"变为现实的产品和服务，或者说把"认知（Knowing）"转化为知识（Knowledge）"，技术和知识是依赖因素。然而，技术和知识的获得有赖于信息的可获得性。② 创意产业具有根植于当地文化的特点，尤以本土化特色产品为主，只有面向区外和全球市场才能获得持续发展动力。因此,信息机会的便利获得,能够快速获得产品的需求类型和销售情况,从而使产品的设计和销售及时针对多样化市场作出调整,即"即时生产"方式,以降低产品的市场不确定性所引起的风险。③ 信息对吸引创意人才的便捷性。不断增长的信息机会可以促使创意工作岗位的不断产生,吸引有思想和相关技能的创意人才移入信息丰富地区,并通过路径强化机制,吸引更多的创意人才,使创意产业集聚区成为有水之源,不断产生新的创意火花。

此外,资本资源丰富的地区,有利于知识创新的实现,也有利于地区创意产业的发展和壮大。

3)文化因子

文化地缘关系具有很强的历史继承性,对经济的发展也具有一定的推动和阻滞作用。开放性较强的文化,对失败的容忍和对创新的支持有利于高科技产业的衍生及发展,此外,相近的文化还有利于沟通和融合,因此,投资者也更加倾向于选择文化较为相近的区域进行。文化作为创意产业集聚区激发和注入创意的基本元素,是创意产业集聚区有别于其他产业区的本质区别之一。因此,在创意产业集聚区进行区位选择时,文化氛围浓厚和特色鲜明的地区常会成为首选,尤其是艺术氛围浓厚和有大量公共艺术机构的地方。这些氛围无时无刻不在制造着创意产品,并吸引创意阶层的集聚。创意阶层是把工作和生活结合在一起的新的一代,比较重体验,崇尚自由、另类的生活方式。所以,开放、容忍和多元化的社会文化是创意产业聚集区必须具备的因子。

4)成本因子

对制造业而言,成本因子是生产型产业区区位选择的前提条件。但由其特殊性出发,创意产业集聚区区位选择时首先要考虑的不是最低成本,而是最优成本。这就导致了创意产业在空间上的集聚现象与程度更胜于工业。集聚既有同类行业的相对集中,也有具有互补性质的不同行业的空间集聚。一般而言,创意产业在空间上的集聚,主要是追求快速的信息交流、商务往来、合作的便利性和业务的互补性,还有对创意活动和创意人才的共享,等等,从而形成规模效应,降低交易成本,提高效率。而按照城市位置地租级差理论,中心城区一般是地价最高的地方,但由于创意产业区个人创业对中心城区的文化信息和市场的依赖,促使其主要考虑创作和生活的环境,而兼顾考虑成本问题,从最优成本的角度考虑,创意产业集聚区往往集中在市区甚至是市中心。

成本因子的另一方面也可以指创意产业集聚区的劳动力成本。创意产业区完整的生产链包括有设计、生产和销售等环节。设计和销售是产业价值链的高端部分,需要创造性人才的投入,而生产环节更注重生产成本最低的考虑。这种对劳动力生产成本的考虑常促使创意产业集聚区内的企业把生产部分外包出去,并通过全球化的驱动力在全球范围内寻找最低成本区位。从这一意义上可以说,劳动力成本是促使创意产业集聚区形成全球价值链,构成全球生产网络的关键。由此,也使创意产业集聚区超出了传统产业区的地域范围和意义,它和全球相关客体共同构成"区位链"。

5) 市场因子

全球范围内的产业分工,在一定程度上,使得企业对市场空间的认识被极大地扩展,尽管如此,许多企业还是希望能够尽可能地在市场规模较大的地区布局,这样至少可以降低市场运作成本,并更加准确地获取市场信息,有利于更好地实现产品或工艺创新。在大多数情况下,创意产品和服务在市场定位上属于高价位消费,是脱离了"温饱"之后的精神消费和奢侈消费。同时,创意人群也是创意产品和服务主要的消费群体,因此需要高品位的市场来满足其消费需求。这就要求创意产业集聚区在区位选择时,要考虑是否具有市场高消费能力和消费品位的地区,从而使大都市中心城区成为其布局选择的必然落脚点。

综上所述,本书认为,创意产业集聚区主要选择在内城和中心区边缘。这样的区块往往具有以下三个特征:一是工业化时期遗留下来的旧厂房、旧仓库、旧货栈集中区,其内部空间可塑性大;二是位于旧城区等房租低廉的地区;三是自由、宽松、活跃的工作与生活环境。但是,需要特别注意的是,创意产业集聚区往往一般经历的空间过程是,最初多为贫困和未成名的艺术家、创作人才在房租低廉的旧城区集聚,逐步发展成为具有一定规模和影响的文化艺术集聚地,当这些文化艺术集聚地越来越具有影响力,就开始吸引知名的艺术家和富有的客户等入驻和光顾,逐步成为高消费时尚地区,进而引起房租的暴涨。这样,一些尚未成名的艺术家便向周边其他地区迁移,原先宽松、自由、活跃的环境氛围发生变化,逐步失去了对青年艺术家、创作人才的吸引力。休斯敦以南地区、纽约东区都有过类似的情况。因此,政府的行为将对于创意产业区的发展和保护显得尤为重要。

7.3.3 南京创意产业集聚区布局特征

对南京创意产业集聚区的空间分布进行分析,可以看出南京市创意产业集聚区已经逐步形成具有鲜明区域特色的空间格局,主要分布在鼓楼区、玄武区、建邺区和雨花台区。其布局主要有下面一些特征。

1）集中在内城和中心城区的边缘区

南京产业类历史空间大多位于城市的中心边缘区。这类空间独特的文化品质和相对低廉的租金,成为吸引创意阶层和创意企业集聚的重要原因。根据1981年南京工业用地布局资料与如今创意产业集聚区进行空间叠合分析并经过实地调研,可以发现南京重点推进的35个创意产业园有60%是利用旧厂房改造而成的。

这一空间范围的集聚反映了南京市政府在市中心区域大力推进都市型产业的发展战略,是市中心区域逐步"退二进三"(即将中心区内的第二产业通过各种形式搬迁至城市外围,将搬迁后的空间用于发展第三产业)的标示。国外的内城和南京的中心城区虽然在位置上一致,但导致衰落的原因却大不相同。国外内城衰落主要是郊区化导致了闲置、破旧的居民区,因此,创意产业区的发展也称为"阁楼"(Loft)文化,而南京中心城区功能衰落①主要是城市中心工业用房的闲置和破旧,造成原因是新中国成立前的工业布局主要是官办资本设立在城市中心区内,新中国成立后城市用地布局以工业生产为第一位进行布局,从而使得南京中心城区工业用房和居民用地混杂的局面。因此,创意产业区的发展主要在中心城区的旧厂房和旧仓库中,主要是"工业"文化。创意产业的介入使得闲置的老产业空间重新焕发了生机,同时也为南京工业遗产的积极保护提供了新的途径。产业类历史空间不仅为创意产业的发展提供了空间载体,凭借其特有的优势满足了创意产业的特殊需求,而且为创意的萌发营造了浓厚的文化氛围。

2）高校周边创意产业集聚区开始形成规模

创意产业集聚区发展依赖具有独立创新能力的高质量人才。因此,南京许多创意产业集聚区依托大学等科研机构集聚,从行业类型来说主要是一些与设计类相关的行业。从空间格局图来看,南京创意产业集聚区分布在高校周边地区相当明显,如以南京工业大学为中心形成的以工业设计为主要内容的创意产业集群,其15分钟步行通勤区范围内的创意产业集聚区的数量达到了5个。南京创意产业集聚区与高校和科研机构存在着密切的互动,一方面高校与科研机构丰富的创意人才为创意

---

① 此处的功能衰落更多意义上是指南京主城区某一功能,如制造生产功能的消亡,并不是指城市经济或面貌的颓败。

的发生提供了源泉,同时又能为创意产品的生产、制造、传播提供强大的物质支撑和技术保证;另一方面创意企业能将各种创意迅速转化为产品,并将其不断推向市场。

3)景区周边成为创意产业集聚区的主要选择地点

南京创意产业集聚区呈现明显的沿景观资源发展模式,沿秦淮河、玄武湖、紫金山以及位于城市历史风貌区的创意产业集聚区占到了总数的70%左右。这些园区不仅在其周边百米范围就有大面积的公共绿地或者河流,而且也大多位于城市的历史风貌区或历史地段,自然资源和人文资源的区位优势非常明显。其中,沿秦淮河发展的创意产业集聚区就有10个之多。

一个城市的灵魂往往是城市的河流水域。秦淮河是南京的母亲河,玄武湖是南京的标志。它们对于城市的发展具有历史和文化意义,可以激发人无限的遐想和灵感。水又是城市景观塑造的主要元素,优秀的自然和人文景观可以提高城市的文化底蕴,利于创意氛围的形成。

南京的紫金山一向被称为南京的"龙脉",而紫金山的空气清新,也一直被称为南京的"天然绿肺",是城市气候调节的天然氧吧。紫金山麓周边是一个城市人居环境最好的地方,符合创意阶层对生活舒适度的追求。

正是这些自然条件良好、历史文化底蕴浓厚的景区符合创意产业集聚区对文化、艺术、历史、人居环境和气候等各方面要求,使得创意产业呈集聚区近景区分布,这也是不同于一般新产业区空间布局的重要因素。

7.4 南京创意产业集聚区形成动因分析

创意产业为什么会在南京形成集聚区? 又为什么多会在中心城区形成主要分布? 南京的先决条件造成了这样的结果,一方面是由于南京的区域背景所形成的,另一方面是南京的经济环境所造成的,影响区域分布的因素可从下列几个方面进行探讨。

7.4.1 城市功能定位演变、产业结构转型的结果

明清时期的南京是江南第一重镇;近代因"中华民国"建都成为全国政治中心;新中国成立后成为华东地区重要的经济中心和交通枢纽。改革开放以来,因外向型经济发展缓慢,南京在全国的经济地位相对下降,

城市的职能主要体现在交通物流、教育科研商贸和部分制造业方面。随着南京的不断发展,基于其自身的资源条件、产业基础以及未来在区域和国家战略中所发挥的作用,南京提出未来一段时期内的功能定位是:国家历史文化名城、国家综合交通枢纽、国家重要创新基地、区域现代服务中心、长三角先进制造业基地、滨江生态宜居城市。

南京作为国家重要创新基地、区域现代服务中心的功能定位,其产业选择的特征必然是辐射强、增值快、密度高、技术资金密集、人力资本密集。创意产业集合了这些所有产业特征,是南京城市功能发展中必不可少的重要产业之一。

南京目前正在优化产业结构,优先发展现代服务业,鼓励第三产业进一步发展,形成"三、二、一"的产业结构,这与发展创意产业的目标是相一致的。因为创意产业作为知识化、智能化的高附加值的产业,与第三产业的发展是相互促进的。

经济增长方式转变的重要方面是实现投资驱动向消费驱动的转变,创意产业是以消费为导向,倡导新需求的挖掘和创造,通过城市文化、经济、社会等各类消费品的创新和设计,引领时尚潮流,拓展消费空间,形成新的经济增长点。

7.4.2 城市更新的选择之一

南京真正意义上的城市更新开始于 20 世纪 80 年代初期,并出现阶段性特征。1983 年 11 月,南京市政府提出了"城市建设要实行改造老城区和开发新城区相结合,以改造老城区为主"的方针,集中在老城进行大量住宅建设。20 世纪 80 年代上半期首先是在老城区未开发的少量土地上进行住宅建设,80 年代后期的住宅建设则主要是对旧城进行更新改造,用最少的资金解决更多人的居住问题,采用的开发方式是"拆一建多",建筑形式为多层板式。90 年代南京城市更新呈现出两个方面的特点,一方面以道路建设为主要内容的基础设施更新改造成为城市更新的重点;另一方面,随着土地有偿使用制度的实施和企业改革的深入,老城区"退二进三"速度的加快,工业用地大部分都转化为住宅用地和其他第三产业用地,城市用地结构发生了很大的变化。进入 21 世纪后,面对经过多年城市更新后城市特色逐渐消失、城市文脉被切断等方面的问题,南京城市更新的重点转向为对城市物质环境、历史文脉、文化氛围的更新和塑造,这一阶段城市更新的主要目标是,使走向衰落的部分城市中心地区转变为具有现代城市功能和发展潜力的城市区域。

　　南京作为中国近代工业的发源地，其产业结构的调整留下了大量的产业类历史空间。随着南京创意产业的发展，这些产业类历史空间吸引了大量创意企业在此集聚。传统产业空间通常位于城市优越区位，滨临河流码头或重要的交通枢纽位置，有着良好的交通可达性，同时水、电、气、通信等基础设施条件也比其他区域优越。同时传统产业空间位于城市旧区，保留了传统居住环境和文化氛围。传统产业空间不同于普通办公和生活空间的内部建筑格局——大规模、连片的厂房和集中的仓库满足了创意产业作为展示空间、进行频繁交流沟通的需要。产业建筑结构坚固、空间高畅、富有工业美感。这些优势与良好的建筑质量共同决定了传统产业空间巨大的利用潜力。另外，产业类历史空间深厚的文化底蕴和文化气质也成为激发创意阶层创意的灵感和源泉。相对低廉的租金更进一步提升了对中小型创意企业的吸引力。

7.4.3　政府政策聚焦于此

　　现在南京大多数的创意产业集聚区都是老厂房或具有历史价值的老工业历史建筑，承载着南京深厚的文化底蕴和内涵，入驻集聚区的企业更是得到政府相关政策的支持。例如，为准确反映创意文化产业的属性南京市规划局发布的《南京市控制性详细规划　计算机辅助制图规范及成果归档数据标准（NJGBBC03—2005）》，将创意文化产业用地界定为混合功能空间。根据创意产业商务与办公的属性特征，以创意文化产业生产活动为主的功能空间规划为商办混合用地，以商务办公功能为主，可兼容一定比例的单身公寓；根据创意产业亦工亦居的属性特征，布置以居住为主要功能、兼容商业的住宅混合用地。同时，为保证混合用地符合创意产业发展需求，可针对不同性质的混合空间提出具体的产业类型要求，确保不作为创意产业之外功能使用。另外，由于创意产业具有的创新生命力，为现代经济发展所需，政府以及相关部门已经充分认识到该产业的发展前景，必定也会给予一定的政策倾斜，这为入驻的企业带来重大利好。

7.5　南京创意产业集聚区发展存在的问题和对策

　　笔者在对南京创意产业集聚区进行了初步梳理分析的基础上，于2012年底至2013年初几赴南京，通过随机访问和深度访谈相结合的方式,就南京创意产业集聚区发展情况进行了一定深度的探讨,企图通过对政府相关部门、园区管理经营者、创意产业企业从业人员等不同层面的接触,了解把握不同视角下对创意产业园区存在问题和发展趋势的各种看法。

南京创意产业集聚区是在国际创意产业发展背景下,顺应本身发展阶段和城市功能转换的目标而发展起来的。可以看出,在一些艺术家自发集聚过程中,政府积极推动并逐渐成为发展的推动主体,掀起了创意产业集聚区改建和新建的高潮,并慢慢与房地产的开发结合起来。在南京,创意产业集聚区的发展数量在近年来增长速度非常快,从 2004 年至 2009 年底全市有各类建成和在建文化创意产业园区约 50 个。但是从 2010 年中旬开始园区建设的速度骤然放缓。从前些年的快速更新,到近两年的逐步放缓,我们欣喜地看到了创意产业集聚区蓬勃发展之势,但也开始担忧。创意产业集聚区是在经济、文化和社会发展到一定程度上的产物,既要有高度发展的技术和经济支持,也要有高度文明的精神文化社会作为消费的后盾。对南京的老建筑和老厂房注入"文化"因素,固然是一种新的发展思路,但老建筑和老厂房改建成艺术创意产业集聚区,需要大量资金。资金的大量注入势必引起出租的成本,对创新文化和创新氛围的培育和发展是不利的。当一部分年轻的创意人才被高额的创业成本拒之门外时,网络和交流就无法谈起,城市的创新也会就此不前,甚至倒退。

7.5.1 发展存在问题

1) 文化创意特性未能全部显现

南京创意产业集聚区的建设速度十分惊人,并主要以改建老建筑为主,集中在软件设计、建筑设计、研发设计等技术创造力产业。但应指出,注重文化的生产功能,而忽视文化的欣赏和参与功能,已经造成创意产业集聚区不为大多数群众所感知的主要原因(上海的田子坊、北京的 798 在该方面做得比较好)。说到底,造成这一问题的根本原因还是文化产业化意识不强。中国往往把文化发展与政治联系起来,文化中心常与政治中心在一起,而经济中心往往不是文化中心。这就造成南京重视经济建设,而忽略了文化中心的建设。实际上,文化与政治、文化与经济的疏密关系,一定程度上反映了不同制度条件下文化发展模式、方法和内涵的差异。南京创意产业集聚区的发展过程中,技术比文化发挥的作用更为突出,文化对产业发展和经济增长的作用并未完全凸现,文化发展的空间还有待于拓展。

2）产业类型趋同,缺乏鲜明特色

从南京目前创意产业集聚区的发展情况看,不管是自发集聚还是主导创建的创意产业集聚区,都存在产业联系不强、园区产业结构趋同现象。第一是特色不够。大多创意产业集聚区是视觉艺术、软件设计、建筑设计、研发设计和休闲消费型等融为一体的大产业发展,造成创意产业集聚区难以形成竞争优势,产业联系不强。尤其是一些房地产开发商投资的创意产业集聚区,以"文化创意产业区"之名,行"房产项目销售"之实,在市场利润的驱动下,只为坐收投资回报,对入驻企业所属行业并不过问,使创意产业集聚区只在形态上具备集聚功能,而难以实现行业态网络联系和创新的功能。第二是产业结构趋同。几乎所有的创意产业集聚区都发展好几种产业,尤其是以高新技术开发的多媒体产业园和设计园,发展的行业如出一辙。园区的产业定位不明和趋同,势必影响各区形成竞争大于合作的局面,难以形成差异化发展战略,对于各园区的核心竞争力形成不利,导致城市综合竞争力的降低。

3）区内企业规模较小,市场推销能力不足

调查发现,从南京创意产业集聚区的现实情况看,文化创意企业95％以上是中小企业,规模小、实力不强,有些甚至是个人工作室。其经营项目往往由于价值评估难以确定,较难取得银行贷款,存在融资难问题。再加上集聚区缺乏懂经营管理、市场开拓的文化创意人才,文化创意企业大多存在着市场推销能力低的问题,也影响了企业的经济效益。由此可以看出,资金的周转无论是对企业还是集聚区发展都至关重要,所以,文化创意企业总体规模小、上市企业少、融资面临困难、营销能力较低,这些都将成为制约南京创意产业集聚区竞争力水平提升的一个重要问题。

4）政府指导者角色缺失

创意产业集聚区的建设和管理是一个跨部门和跨行业的工作,需要政府打破各部门之间的壁垒以及行业管理条块分割的局面。但是,南京创意产业集聚区的管理缺乏一个综合的专门管理机构。综合管理部门的缺失,使创意产业区的行业发展与管理机构的合作渠道不畅通,造成公共服务平台服务不足的局面。调查发现,政府部门、协会和各创意产业园区在协调和合作上还不是很默契。园区的一些想法和愿望在当前情况下还不能通过有效渠道诉诸政府。特别是公共服务平台,如创意设计信息交流、人才汇聚、产品集中展示的公共平台极其匮乏。

7.5.2　提高创意产业集聚区竞争力的对策建议

1）打造区域品牌，彰显地方特色

区域品牌是指众多主体由于地域、行业属性等自然属性而联系在一起所共有的品牌，借以辨认本区域的产业、企业、产品、服务或品牌，并在较大范围内形成了该区域产业、企业、产品、服务或品牌较高的知名度和美誉度。本书认为，区域品牌可以包括区域旅游品牌、区域文化品牌、区域环境品牌、区域产业品牌等。区域品牌比单个企业品牌具有更持续的品牌效应、更强大的吸引力，更能促进文化创意产业集聚区经济的可持续发展。在南京文化创意空间竞争力的调查分析中，发现创意空间虽然具有打造区域品牌的资源条件和优势，但是在塑造区域品牌力度上还需加强。所以，提升南京文化创意产业竞争力，打造优势的区域品牌也是极其重要的。

区域品牌建立在产业集群的基础之上，但与产业集群不同，它是产业集群发展的高级形态。产业集群的硬件包括为企业提供的良好协作竞争环境、基础设施、共同地理市场等；软件指产业集群推动所在区域知名度的提升，相关产品信誉的提升，相关产业与政府关系等。南京文化创意产业集聚区打造区域品牌，一方面要打造区域品牌形成的有形的"拉拨效应"硬环境，即区域品牌形成的必要的生产、技术和基础设施条件；另一方面，也要重视无形的"拉拨效应"特别是区域知名度和相关产品信誉的提升，为南京文化创意产业区域品牌的形成提供有力的支撑。

鼓励集聚区内企业创造企业品牌，形成"追赶效应"。集聚区内集聚着大量行业相同或相近的企业，企业内部信息互通有无，使企业之间横向竞争倾向加剧。集聚区内企业发现"邻居"企业的创新，他们会以最快的速度模仿先进企业。先进企业为保持其竞争优势和竞争地位会更加努力创新。这种"追赶效应"和"模仿效应"的最终结果是使集聚区内企业整体创新能力和竞争能力得到提升。所以南京文化创意产业集聚区要积极鼓励文化创意企业品牌的建立，通过一个名牌的产生而使其他企业相继仿效，从而带动一系列名牌的形成，最终使区域品牌不断提升和发展。

区域品牌是公共产品，所有权模糊不清，易导致区域品牌被滥用，从而破坏区域品牌形象。为了避免该情况的发生，一方面，可以根据各地实际情况采取多样化的形式明晰区域品牌所有权——地方政府部门所有、行业协会所有、区域内企业共有、区域内若干企业共有等，区域品牌所有权明晰后,应依法注册,取得法律保护;另一方面,区域品牌注册后还应加强区域品牌使用的管理,政府和集聚区内的公共服务监督机制要积极对区域品牌的保护,对滥用区域品牌的行为和企业进行严厉的打击,对发展区域品牌的行为和企业积极鼓励。

2）提升南京文化创意企业的融资能力

南京文化创意产业在政府的积极扶持和培育下,迅速成长并初具规模,形成了文化创意产业园区。随着大批创意企业、机构入驻文化创意产业园区后,由于文化创意企业普遍规模偏小、资金投入较大、资金回报周期长、价值评估难于确定,创意项目很难取得银行贷款,文化创意企业发展面临着融资难问题。

面对该问题,建议加强融资政策扶持力度。首先,要形成良好的融资环境,政府要加强对文化创意产业发展的财政支持力度,制定支持文化创意产业发展的税收优惠政策,加大对中小型文化创意企业贷款的政策性支持。其次,鼓励银行开展知识产权等无形资产方式质押贷款业务。最后,建立健全有效的中小企业信用担保体系,单纯依靠政府的投入很难满足担保的需要,要多渠道筹集信用担保资金建立适合中小型文化创意企业特点的信用评级体系。

虽然南京市政府为解决文化创意企业融资难问题,提供了大量的财政资金投入和政策支持,形成了良好的融资环境,但企业不能只依靠政府的资金投入,要积极在有利的融资环境下,把政府的融资扶持变成自身的融资能力。发展初期的文化创意企业,研发创意阶段可以通过房租补贴、技术平台使用补贴、原创资助等政府的专项资金扶持,税收优惠政策,缓解企业资金需求的压力。成长期的文化创意企业,一方面引入风险投资基金,实现资本的撬动和放大,从而引导更大规模的社会资本进入文化创意产业领域;另一方面,企业要健全财务管理制度,增强诚实信用意识,树立良好形象,赢得银行的信任和支持。此外,企业还要找准产品市场定位,及时调整产品结构,不断提高市场开拓能力、风险管理能力和业务创新能力,形成具有知识产权性质的产品,增强企业无形资产的实力,积极筹备公司上市,促进企业更好的融资,实现价值增值。

3）发挥中介作用,强化产业服务环境

中介服务机构是指具有一定功能的服务机构,包括行业协会、商会、创业中心（孵化器）、生产力促进中心等组织机构和律师事务所、会计事务所等各种形式的中介组织。通过分析可以看出,南京创意产业集聚区的产业服务环境状况并不理想,其主要问题是作为集聚区主体之一的中介组织发展水平低，没有发挥其自身中介、协调、整合资源的作用，这将会制约产业链的形成和完善。所以鼓励和支持中介机构、行业组织发展，提高服务水平，对加强集聚区企业之间和产业之间的联系与协作，整合人才、资本、政策资源，形成完善产业链至关重要。

中介机构不仅要为提供企业注册、税收、政府行政审批等服务，更重要的是以通过中介机构的知识产权开发和运用，使有创意、技术或有才华的个人发展成符合市场运作的经济主体。政府不应对中介机构和行业组织进行直接管理，而是应该根据有关法律、法规，依法规范中介组织的行为，使其发挥中介优势，服务创意产业集聚区建设。

目前，南京文化创意产业中介机构总体素质不高。提高中介机构服务水平，首先要加强对中介机构的管理，完善自律机制、提高自律能力。行业、协会组织要根据各自行业的特点和运行规律，制定章程、制度和工作规范，依此要求、约束和管理中介机构，实行自我管理和自我监督。其次，为文化创意企业量身定做个性化、专业化的服务，促进其快速发展和增加防风险能力。由于集聚区文化创意企业多属于中小企业，虽然这些企业有潜力，有一定的技术基础，但是这些企业的管理人员大部分没有现代企业管理经验，并且，企业之间关联度不高，协同合作能力不强，中介机构要发挥自身沟通、协调能力，加强集聚区企业之间和产业之间的联系与协作，整合人才、资本、政策、信息等资源，最终促进产业链的形成和完善。

8 结语与讨论

8.1 主要结论

通过对创意城市发展的国内、国际背景分析以及案例研究，本书首先就创意、创意产业、创意经济、创意城市、创意空间的基本概念和相互关系进行了理论综述，进而从空间的视角对创意城市的特点、类型、构成要素、空间特性及引导策略、评价指标体系等进行了系统梳理，从而为创意城市的规划建设提供了基本理论框架，最后以南京为例做了实证分析。由此形成如下几点结论：

（1）当代创意城市的主要特点包括：具有发达的创意产业、密集的创意阶层、强大的技术创新能力、宽松开放的创意氛围，拥有众多知名的大学和高效的知识产权保护体系。

（2）根据经济与城市发展的历史进程，创意城市分为技术创新型城市、文化智力型城市、文化技术型城市和技术组织型城市四种类型。

（3）建设创意城市至少需要满足三个条件，一是社会文化的多元性和开放性——它可以促进创意人才、企业和创意产业的交流、融和；二是城市产业发展能提供足够的发展机会；三是创意城市还必须具有能够吸引创意阶层的高品质生活环境。

（4）创意城市形成的关键要素包括：空间认知、文化产业和相关硬件设施。

（5）创意空间是创意城市的一个功能单元，也是构建创意城市的空间基础。城市创意空间具有空间集群化、功能多样化、空间景观富有个性特色以及注重审美和精神需求等特性。通过采用选址布局的多层次考量、鼓励内部空间土地混合使用、高标准的配套设施建设、塑造自然生态的外部环境等空间引导策略推动城市创意空间的形成与发展。

（6）创意城市指标体系由创意能力、创意环境、创意活力计三方面构建，具体包括经济活力、城市开放度、科技创新能力、文化创意能力、社会生活和环境质量计 6 个指标；变量层由影响各个指标的 25 个变量组成。

（7）通过实证研究，南京创意城市建设，硬件基础设施（城市生态环境、公共服务设施条件等）已基本具备，约束发展是那些诸如市民缺乏创业进取精神之类的非经济领域。通过制定有针对性的创意城市发展战略、构筑具有创新进取意识的"新金陵文化"、大力引进和培育创意人才和加快打造标志性的创意产业集聚区等政策措施，可以更好地促进南京发展创意产业和构建创意城市。

（8）通过实证分析，南京创意空间特别是创意产业集聚区已形成一定的布局规模和特点，但和国内外创意领先城市相比，仍存在文化创意特性未能全部显现、产业类型趋同、区内企业规模偏小、政府指导者角色缺失等问题。南京创意城市的建设这个大环境的塑造，以及打造区域品牌、提升企业融资能力、发挥中介作用，强化产业服务环境等措施，将有效提升南京创意产业集聚区的竞争和发展能力。

（9）城市的主体是人，人的巨大主观能动性使得各种创意层出不穷，而一代代人的创意都会对城市发展产生推动作用。因此可以说在城市发展中的不同阶段，创意均存在，并且随着社会的发展，创意的作用在被不断放大。作为现代文明标志的城市，集中体现了国家综合国力、政府管理能力和国际竞争力，可是保证城市的可持续发展是一个复杂艰巨的工程。随着城市的发展，城市中的人口、环境、资源等问题日益突出。对于城市发展的路径选择问题也是仁者见仁、智者见智。对于城市发展的理论永远处于发展之中，创意城市也并非是城市发展理论的完美终结形式。但是，创意城市给我们的政策制定者、城市规划者以及城市居民提供了一种理念，希望这种理念可以促进城市的可持续发展。

8.2　需要进一步讨论的问题

创意城市是一种全新的城市发展理念，创意城市的建设涉及经济、社会、科技、文化、制度等诸多内容，由于资料收集、成文时间以及自身理论水平和能力所限，本书尚存许多不足之处，希望在今后的研究中可以做出改进。

（1）设计更为科学合理的定性评价指标。本书初步构建了创意城市评价指标体系，对于我国的区域性中心城市具有一定的适用性，但是限于一些定性指标的收集难度较大，指标体系的设计存在一定的缺陷。例如关于城市的文化氛围和城市的宽容度这些定性的内容，很难加以定量化。由于时间和多种因素限制，本书并未通过问卷调查等手段加以确定。虽然文中以相关定量指标来间接表达,但结果一定存在误差,今后需要在该类定性指标的设计上寻求更为科学合理的方法。

（2）对创意城市内部运行机制的研究可以从深层次把握城市创意的产生、创意的本质特征,进而对城市创意能力的正向干预提供更深层次的科学理论依据。因自身知识储备所限,本书未能涉及这方面内容,有待今后做深入的探究。

（3）本书是关于创意城市及空间的初步研究,主要注重宏观层面的分析和把握,未就创意城市的空间进行具体的规划研究,留待后续的研究工作完成。

参考文献

·中文文献·

安德鲁(Andrew M L).2005.多伦多文化规划及其实施[J].秦波,译.国外城市规
    划,20(2):53-57

波特(Michael Potter).2002.国家竞争优势[M].李明轩,邱如美,译.北京:华夏出
    版社

陈力,关瑞明.2000.城市空间形态中的人类行为[J].华侨大学学报(自然科学版),
    21(3):296-301

陈倩倩,王缉慈.2005.论创意产业及其集群的发展环境——以音乐产业为例[J].地
    域研究与开发,24(5):5-8,37

仇保兴.2002.城市定位理论与城市核心竞争力[J].城市规划,26(7):10-13

褚劲风.2006.上海创意产业园区的空间分异研究[J].人文地理,24(2):23-28

褚劲风.2009.创意产业集聚空间组织研究[M].上海:上海人民出版社

褚劲风.2009.国外创意产业集聚的理论视角与研究系谱[J].世界地理研究,18(1):
    108-117

崔功豪,武进.1990.中国城市边缘区空间结构特征及其发展——以南京等城市为
    例[J].地理学报,45(4):399-411

杜能(John von Thunen).1986.孤立国同农业和国民经济的关系[M].吴衡康,译.
    北京:商务印书馆

段进.1999.城市空间发展论[M].南京:江苏科学技术出版社

方昕.2004.城市公共空间设计与人的行为活动[J].重庆建筑大学学报,26(2):58

冯健,周一星.2003.中国城市内部空间结构研究进展与展望[J].地理科学进展,
    22(3):304-315

付军,张维尼,王燕.2003.从城市意象角度探讨高科技园区景观环境设计[J].北京
    农学院学报,18(2):105-108

谷凯.2001.城市形态的理论与方法——探索全面与理性的研究框架[J].城市规划,
    25(16):36-41

顾朝林,陈振光.1994.中国大都市空间增长形态[J].城市规划,18(6):45-50

顾朝林,宋国臣.2001.北京城市意象空间调查与分析[J].规划师,17(2):25-28,83

顾朝林,宋国臣.2001.北京城市意象空间及构成要素研究[J].地理学报,56(1):
　64－74

顾朝林,宋国臣.2001.城市意象研究及其在城市规划中的应用[J].城市规划,
　25(3):70－73,77

管驰明,姚士谋,李昌峰.2001.从区位功能和投资环境看南京的发展走向[J].人文
　地理,16(2):17－21

胡小武.2006.创意经济时代与城市新机遇[J].城市问题,(5):21－27

黄少波.2005.创新城市的理念及其建设[J].桂林电子工业学院学报,25(3):
　97－100

黄亚平.2002.城市空间理论与空间分析[M].南京:东南大学出版社

霍金斯(John Howkins).2006.创意经济:如何点石成金[M].洪庆福,孙薇薇,刘茂
　玲,译.上海:上海三联书店

蒋海军.2009.文化创意产业发展研究——兼析海淀区文化创意产业发展思路[J].
　区域经济,(9):74－76

蒋楠,王建国.2012.创意产业与产业遗产改造再利用的结合——以南京为例[J].现
　代城市研究,(1):64－71

金彩红,杨亚琴.2004.以综合创新全面提升上海国际化水平——运作方式与实施战
　略[J].社会科学,(2):11－16

恺蒂(Keddy).2002.伦敦西区的宝来坞之梦[N].南方周末,2002－08－08

柯焕章.2008.创意产业与北京城市发展[J].规划师,(1):15－17

科斯托夫(Spiro Kostof).2005.城市的形成:历史进程中的城市模式和城市意
　义[M].单皓,译.北京:中国建筑工业出版社

克鲁格曼(Paul Krugman),等.2006.国际经济学:理论与政策[M].6版.海闻,等,
　译.北京:中国人民大学出版社

拉波波特(Rapoport Amos).2003.建成环境的意义:非言语表达方法[M].黄兰谷,
　译.北京:中国建筑工业出版社

黎夏,叶嘉安.1999.约束性单元自动演化 CA 模型及可持续城市发展形态的模
　拟[J].地理学报,54(4):289－298

李勃,邢华,李廉水.2006.创意产业提升南京城市竞争力研究[J].现代城市研
　究,(12):10－15

李明.1997.城市构图理论的探索[J].西北建筑工程学院学报:自然科学版,(3):
　18－23

李世忠.2008.文化创意产业相关概念辨析[J].兰州学刊,179(8):162－164

李翔宁.1999.跨水域城市空间形态初探[J].时代建筑,(3):30－35

李英武.2006.国外构建创新型城市的实践及启示[J].前线,(2):49－51

厉无畏.2009.迈向创意城市[J].理论前沿,(4):57

梁江,沈娜.2003.方格网城市的重新解读[J].国外城市规划,(4):26-30

林炳耀.1998.城市空间形态的计量方法及其评价[J].城市规划汇刊,(3):42-45

林耿.2001.城市空间微观形态演化分析——以广州市天河区段为例[J].城市开发,(10):22-23

林奇(Kevin Lynch).2001.城市意象[M].方益萍,何晓军,译.北京:华夏出版社

刘昌雪,汪德根,陈浩,等.2003.合肥市城市游憩者旅游行为特征研究[J].华东经济管理,17(6):28-30

刘盛和,吴传钧,沈洪泉.2000.基于GIS的北京城市土地利用扩展模式[J].地理学报,55(4):407-416

刘颂.2004.从城市意象把握市容景观建设[J].上海城市管理职业技术学院学报,13(2):33-34

刘怡,王曦.2004.城市意象形态——一种致力于创造城市特色的城市设计方法[J].青岛建筑工程学院学报,25(1):34-38

刘云,王德.2009.基于产业园区的创意城市空间构建——西方国家城市的相关经验与启示[J].国际城市规划,24(1):72-78

罗佩.1998.创造城市的地方特色——当前我国城市设计所面临的一项任务[J].南方建筑,(3):88-89

罗小未.2001.上海新天地广场——旧城改造的一种模式[J].时代建筑,(4):24-29

芒福德(Lewis Mumford).2005.城市发展史:起源、演变和前景[M].宋俊岭,倪文彦,译.北京:中国建筑工业出版社

宁越敏.1984.上海市区商业中心区位的探讨[J].地理学报,39(2):163-172

派恩(Joseph Pine),吉尔默(James H. Gilmore).2002.体验经济[M].夏业良,鲁炜,译.北京:机械工业出版社

钱紫华,阎小培.2008.文化/创意产业、创意城市等相关概念辨析[J].世界地理研究,17(2):95-101

秦尚林.2000.开放空间模型理论研究[J].武汉工业大学学报,22(3):42-44

秦学城.2003.城市游憩空间结构系统分析——以宁波市为例[J].经济地理,23(2):267-271,288

邱建华.2002.交通方式的进步对城市空间结构、城市规划的影响[J].规划师,18(7):67-69

任雪飞.2005.创造阶级的崛起与城市发展的便利性——评理查德·佛罗里达的《创造阶级的兴起》[J].城市规划学刊,(1):99-102

赛维(Bruno Zevi).2006.建筑空间论:如何品评建筑[M].张似赞,译.北京:中国建筑工业出版社

上海创意产业中心.2006.2006上海创意产业发展报告[M].上海:上海科学技术文献出版社

邵德华.2003.土地储备制度对城市空间结构的整合机制研究[J].北京规划建设,(4):46-49

盛垒,杜德斌.2006.创意城市:创意经济时代城市发展的新取向[J].经济前沿,(6):21-25

石忆邵.2008.创意城市、创新型城市与创新型区域[J].同济大学学报(社会科学版),19(2):20-25

史培军,陈晋,潘耀忠.2000.深圳市土地利用变化机制分析[J].地理学报,55(2):151-160

舒尔兹(Norberg Schulz).1990.存在·空间·建筑[M].尹培桐,译.北京:中国建筑工业出版社

斯科特(Scott A J).2007.创意城市:概念问题和政策审视[J].汤茂林,译.现代城市研究,(2):66-77

孙施文.2008.城市创意与创意城市[J].瞭望,(36):60

索比(David Thorsby).2005.文化经济学[M].张维伦,等,译.台北:典藏艺术家庭出版社

汤爽爽,王红扬.2006.通过文化政策营造创意城市——巴塞罗那文化政策的启示[J].现代城市研究,(12):77-82

唐勇,徐玉红.2006.创意产业、知识经济和创意城市[J].上海城市规划,(3):25-32

特兰西克(Rodger Trancik).2008.寻找失落空间——城市设计的理论[M].朱子瑜,张播,鹿勤,等,译.北京:中国建筑工业出版社

田银生,陶伟.1999.场所精神的失落——10至20世纪西方城市空间的一点讨论[J].新建筑,(4):61-62

屠启宇,王成至.2004.以综合创新全面提升上海国际化水平——更新理念与导入评价[J].社会科学,(1):14-22

宛素春,等.2004.城市空间形态解析[M].北京:科学出版社

汪丽,王兴中.2003.国外对城市心理安全空间的研究[J].规划师,19(11):86-88,91

汪毅,徐昀,朱喜钢.2010.南京创意产业集聚区分布特征及空间效应研究[J].热带地理,30(1):79-83,100

王冠贤,陈冰珠.2002.三角经济区村落形态的演变分析——以中山冈东村为例[J].规划师,18(8):75-78

王海清,蒋捷,曹菡.2003.基于空间行为过程的GIS辅助行政划界可视化研究[J].计算机工程与应用,39(10):228-262

王晖.2010.北京市与纽约市文化创意产业集聚区比较研究[J].北京社会科学,6:32-37

王缉慈.2005.创意产业集群的价值思考[M]//厉无畏,王如忠主编.创意产业——

城市发展的新引擎.上海:上海社会科学院出版社

王建国.2003.城市传统空间轴线研究[J].建筑学报,(3):24-27

王磊,董宏伟.2008.文化产业、创意经济与和谐社会[J].城市发展研究,15(2):15,19

王农.1999.城市形态与城市文化初探[J].西北建筑工程学院学报:自然科学版,(2):25-29

王伟年,张平宇.2006.创意产业与城市再生[J].城市规划学刊,(2):22-27

王媛,王東罡,崔海鹰.2002.广州城市空间形态发展演变的历史特征[J].青岛建筑工程学院学报,23(3):32-37

韦伯(Alfred Webber).1997.工业区位论[M].李刚剑,陈志人,张英保,译.北京:商务印书馆

魏鹏举,杨青山.2010.文化创意产业集聚区的管理模式分析[J].中国行政管理,(1):81-83

吴启焰.2001.大城市居住空间分异研究的理论与实践[M].北京:科学出版社

吴维平.2010.创意产业及其地方性[J].世界地理研究,19(4):1-15

肖雁飞,廖双红.2011.创意产业区新经济空间集群创新演进机理研究[M].北京:中国经济出版社

熊彼特(Joseph Schumpeter).1990.经济发展理论:对于利润、盗本、信贷、利息和经济周期的考察[M].何畏,易家详,等,译.北京:商务印书馆

徐放.1984.对城市基层商业网点设置依据的探讨[J].北京商学院学报,(3):6,60-61

许学强,胡华颖,叶嘉安.1989.广州市社会空间结构的因子生态分析[J].地理学报,44(4):386-395

许学强,周素红,林耿.2002.大型零售商店布局分析[J].城市规划,26(7):23-28

阎小培,许学强.1999.广州城市基本—非基本经济活动的变化分析兼释城市发展的经济基础理论[J].地理学报,54(4):299-308

杨博华.2008.全球化、文化认同与文化帝国主义[J].南京社会科学,8:56-60

杨萌凯,金凤君.1999.交通技术创新与城市空间形态的相应演变[J].地理学与国土研究,15(1):44-47,80

杨滔,姜娓娓.2001.清华大学地理学院北院院落环境行为调查[J].华中建筑,(4):91-92

易晖.2000.我国城市空间形态发展现状及趋势分析[J].城市问题,(6):2-4,17

尹宏.2009.现代城市创意经济发展研究[M].北京:中国经济出版社

尹继佐.2003.世界城市与创新城市:西方国家的理论与实践[M].上海:上海社会科学院出版社

于涛方.2004.国外城市竞争力研究综述[J].国外城市规划,19(1):28-34

于一丁.1991.居民心理——城市空间扩展的另一重要因素[J].武汉城市建设学院
学报,8(3):1-8

宇传华.2007.SPSS与统计分析[M].北京:电子工业出版社

张京成.2007.中国创意产业发展报告(2007)[M].北京:中国经济出版社

张京成.2008.中国创意产业发展报告(2008)[M].北京:中国经济出版社

张京成.2011.中国创意产业发展报告(2011)[M].北京:中国经济出版社

张京成.2012.中国创意产业发展报告(2012)[M].北京:中国经济出版社

张磊,黄欣.2004.城市开敞空间环境心理研究——多伦路步行街调查与分析[J].山
西建筑,30(5):10-11

张敏,刘学,汪飞.2007.南京城市文化战略及其空间效应[J].城市发展战略,14(5):
13-18

张庭伟.2001.1990年代中国城市空间结构的变化及其动力机制[J].城市规划,
25(7):7-14

张文洁.2005.英国创意产业的发展及启示[J].云南社会科学,(2):85-87

张振鹏,王玲.2009.我国文化创意产业的定义及发展问题探讨[J].经济论坛,(11):
87-88

章杰.2005.体验经济时代基于消费者行为的品牌战略[D].济南:山东大学

赵源.2004.城市空间的形态、形象和意象[J].山西建筑,30(3):34

郑杭生,李路路,等.2004.当代中国城市社会结构现状与趋势[M].北京:中国人民
大学出版社

周伟林,严冀,等.2004.城市经济学[M].上海:复旦大学出版社

诸大建,黄晓芬.2006.创意城市与大学在城市中的作用[J].城市规划学刊,(1):
27-31

诸大建,易华,王红兵.2007.上海建设创意型城市的战略思考——基于"3T"理论的
视角[J].毛泽东邓小平理论研究,(3):59-64

宗跃光,周尚意,等.2002.北京城郊化空间特征与发展对策[J].地理学报,57(2):
135-142

左辅强.2000.阅读城市广场空间——重庆沙坪坝中心广场空间形态的评析[J].重
庆建筑,23(4):19-23

·英文文献·

Alonson W. 1964. Location and Land Use:Towards a General Theory of Land Rent
[M].Cambridge,MA:Harvard University Press

Appleyard D. 1981. Livable Streets[M].Berkeley:University of California Press

Bacon E N. 1976. Design of Cities[M]. Westminster:Penguin Books

Bayliss D. 2007. The rise of the creative city: culture and creativity in Copenhagen. [J]. European Planning Studies,15(7): 889 - 903

Bradford N. 2004. Creative Cities Structured Policy Dialogue Backgrounder[R]. Ottawa: Canadian Policy Research Networks, Project, F - 115

Brotchie John, Newton Peter, Hall Peter,et al. 1985. The Future of Urban Form: The Impact of New Technology[M]. New York: Croom Helm, Kent and Sydney and Nichols Publishing Company

Broudehoux A M. 2004. The Making and Selling of Post-Mao Beijing[M]. New York and London: Routledge

Cave R. 2004. Creative Industries: Contacts Between Art and Commerce[M]. Cambridge: Harvard University Press

Cullen G. 1961. The Concise Townscape[M]. New York: Van Nostrand Reinhold

Duncan O D. 1961. A socioeconomic index for all occupations[M]// Reiss A J,et al (eds). Occupations and Social Status. New York: The Free Press

Eugene J M. 2007. Inequality and politics in the creative city-region: questions of livability and state strategy[J]. International Journal of Urban and Regional Research, 31(1): 188 - 196

Firey Walter. 1945. Sentiment and symbolism as ecological variables[J]. American Sociological Review,10(2):140 - 148

Florida R. 2002. The Rise of Creative Class[M]. New York:Basic

Florida R. 2003. Cities and the creative class[J]. City and Community,2(1): 3 - 20

Foley L. 1964. An Approach to Metropolitian Spatial Structure[M]. Philadelphia: University of Pennsylvania Press

Forbel F,Heinrichs J, Kreys O. 1980. The New International Division of Labour: Structural Unemployment in Industrial Countries and Industrialization in Developing Countries[M]. Cambridge: Cambridge University Press

Gary S B. 1975. Human Capital: A Theoretical and Empirical Analysis, with Special Reference to Education[M]. New York: Columbia University Press for NBER

Gertler M S. 2004. Creative Cities: What Are They for, How Do They Work, and How Do We Build Them[M]. Ottawa: Canadian Policy Research Networks, F - 84

Giedion Sigfried. 1967. Space, Time and Architecture: The Growth of a New Tradition[M]. Cambridge, MA: Harvard University Press

Guttenberg A Z. 1960. Urban structure and urban growth[J]. Journal of the American Institute of Planners,26(2):104 - 110

Hall P. 1998. Cities in Civilization[M]. New York: Pantheon Books

Hall P. 2000. Creative cities and economic development[J]. Urban Studies, 37(4):
639 - 649

Harvey D. 1973. Social Justice and the City[M]. London: Edward Arnold Publishers

Harvey D. 1989. The Condition of Postmodernity: An Enquiry into the Origins of
Cultural Change[M]. Cambridge, MA and Oxford, UK: Blackwell

Hawley A H. 1950. Human Ecology: A Theory of Community Structure[M].
Ronald: Ronald Press

Hospers G. 2003. Creative cities in Europe: urban competitiveness in the knowledge
economy[J]. Intereconomic, 38(5): 260 - 269

Howkins John. 2001. Creative Economy[M]. Westminster: Penguin Books.

Janet Abu-Lughod. 1969. The City is Dead-Long Live the City[M]. California: The
Center for Planning and Development Research University of California Berkeley

Krier L. 1964. Houses, Palaces Cities[M]. New York: St. Martin's Press

Kroeber A, Kluckhohn C. 1952. Culture: A Critical Review of Concepts and Definitions[M]. New York: Vintage Books

Landry C, Bianchini F. 1994. The Creative City[M]. London: Comedia

Landry C. 2000. The Creative City: A Toolkit for Urban Innovators[M]. London:
Earthscan Publications

Landry C. 2005. Lineages of the creative city[M]// Franke S, Verhagen E(eds).
Creativity and the City: How the Creative Economy Changes the City. Rotterdam:
NAi Publishers

Leslie D. 2005. Creative cities[J]. Geoforum, 36(4): 403 - 405

Lozano E E. 1990. Community Design and the Culture of Cities: The Crossroad and
the Wall[M]. Cambridge: Cambridge University Press

Marion R. 2006. From "creative city" to "no-go areas": the expansion of the nighttime economy in British town and city centers[J]. Cities, 23(5): 1333 - 1338

Markusen A. 2006. Urban development and the politics of a creative class: evidence
from the study of artists[J]. Environment and Planning A, 38(10):1921 - 1940

Marshall J. 1966. Rebuilding Cities[M]. Edinburgh: Edinburgh University Press

Massey D. 1984. Spatial Divisions of Labour: Social Structures and the Geography
of Production[M]. London: Macmillan

Melinda J M. 2003. The individual and city life: a commentary on Richard Florida's
"Cities and the Creative Class"[J]. City and Community, 2(1): 21 - 26

Miles S. 2005. "Our tyne": iconic regeneration and the revitalisation of identity in
Newcastle/Gateshead[J]. Urban Studies, 42:913 - 926

Mill E S. 1967. An aggregate model of resource: allocation in a metropolitan area[J]. The American Economic Review,57:197 – 211

Mommaas H. 2004. Cultural clusters and the post-industrial city: towards the re-mapping of urban cultural policy[J]. Urban Studies, 41 (3): 507 – 532

Musterd S, Deurloo R. 2006. Amsterdam and the preconditions for a creative knowledge city[J]. Tijdschrift Voor Economische en Sociale Geografie, 97(1): 80 – 94

Muth R F. 1969. Cities and Housing[M]. Chicago:Chicago University Press

Nancy K N, Mikael N. 2006. The development of creative capabilities in and out of creative organizations: three case studies[J]. Creativity and Innovation Management, 15(3): 268 – 278

Ocean H. 2005. The "creative class" and the gentrifying city: skateboarding in Philadelphia's love park[J]. Journal of Architectural Education,59(2):32 – 42

Park R E, Burgess E W, McKenzie R D. 1984. The City[M]. Chicago: The University of Chicago Press & London: The University of Chicago Press

Peck J. 2005. Struggling with the creative class[J]. International Journal of Urban and Regional Research, 29(4): 740 – 770

Pratt A C. 2008. Creative cities: the cultural industries and the creative class[J]. Geografiska Annaler(Series B). Human Geography, 90(2): 107 – 117

Pruijt H. 2004. Squatters in the creative city: rejoinder to justus uitermark[J]. International Journal of Urban and Regional Research, 28 (3): 699 – 705

Rasmussen S E. 1986. Experiencing Architecture [M]. Cambridge, MA: The MIT Press

Richards G, Wilson J. 2007. Tourism, Creativity and Development[M]. New York and London: Routledge, 2007

Rowe C, Fred Koetter. 1983. Collage City[M]. Massachusetts: The MIT Press

Sasaki M. 2003. Kanazawa: a creative and sustainable city[J]. Political Science, 10(2)

Scott A J. 2006. Creative cities: conceptual issues and policy questions[J]. Journal of Urban Affairs,28(1):117

Sennett R. 1990. The Conscience of the Eye: The Design and Social Life of Cities [M]. New York: Alfred A. Knoff

Sjoberg Gideon. 1960. The Preindustrial City, Past and Present[M]. Glencoe, Illinois: The Free Press

Smailes A E. 1966. The Geography of Towns[M]. London: Hutchinson

Tornqvist G. 2004. Creativity in time and space [J]. Geografiska Annalers,

86B(4): 227 - 243

Yusuf S, Nabeshima K. 2005. Creative industries in East Asia[J]. Cities, 22(2): 109 - 122

Zukin Sharon. 1995. The Culture of Cities[M]. Cambridge, MA: Blackwell

·其他文献·

金元浦. 2006. 创意产业基地建设:孵化器与创意产业园区[EB/OL]. (2006 - 09 - 04). http://cci. cuc. edu. cn/Html/Cyxy/E2/2006. 9/4/20069/4/20060904222055499. html

坎农(Tom Cannon). 2004. 以人为本,可持续发展成为世界大城市间竞争焦点[EB/OL]. (2004 - 09 - 27). http://news. 163. com/40927/7/11A6UJ2V0001124T. html

刘维公. 2006. 创意城市与创意人才:台北市文化经济的发展基底[EB/OL]. [2006 - 04 - 30]. http://www. arting365. com/creative/character/20060430/1146369338d125123. html

南京市城市规划设计研究院. 2003. 南京老城保护与更新规划研究[Z]

南京市人民政府办公厅. 2010. 南京市文化创意产业发展调研报告[R]

王惠敏. 2010. 创意城市的创新理念与发展模式[EB/OL]. (2010 - 11 - 09). http://www. minge. gov. cn/txt/201011/09/content_3822887. htm

王缉慈. 2006. 创意产业集群的价值思考[EB/OL]. (2006 - 12 - 03). http://blog. sina. com. cn/s/blog_48de59b1010007g5. html

薛童,周红玉,朱秀亮. 2006. 中国创意经济报告[N/OL]. (2006 - 10 - 31). http://www. 2ndvisual. com/2ndvisual/creative/corp/2861. html

Brecknock R. 2003. Creative capital: creative industries in the "creative city"[J/OL]. http://www. brecknockconsulting. com. au/07 _ downloads/Creative%20Capital-Brecknock%202003. pdf

Florida R, Tinagli I. 2004. Europe in the Creative Age[M/OL]. [2004 - 02]. http://www. creativeclass. org/acrobat/Europe_in_the_Creative_Age_2004. pdf

Florida R. 2005. Response to Edward Glaeser's review of the rise of the creative class[J/OL]. (2005 - 01 - 24). http://www. creativeclass. org/acrobat/Response-toGlaeser. pdf

Glaeser E L. 2004. Review of Richard Florida's "The Rise of the Creative Class"[J/OL]. (2004 - 12 - 29). http://www. creativeclass. org

Landry C. 2005. Creativity and the city: thinking through the steps[R]

图片来源

图 1-1、图 1-2 源自:作者自绘

图 2-1 源自:作者自绘

图 3-1 源自:胡守海,庞瑾.2007.设计简史[M].武汉:武汉理工大学出版社

图 3-2、图 3-3 源自:作者自己拍摄

图 3-4 源自:百度图片,工业园区效果图

图 4-1 源自:作者根据伦敦政府网站所得资料绘制.http://www.london.bov.uk

图 4-2 源自:傅刚.2010.美国纽约艺术区的兴衰启示[EB/OL].(2010-04-27).http://www.ccarting.com/news/infor/2010-04-27/1272392666d16989.html

图 4-3 源自:http://guide.7zhou.com/category-view-1336-jianjie.html

图 4-4 源自:创意城市.2012.日本金泽:老城市的新灵魂[EB/OL].http://topic.cw.com.tw/2012city/renew/Slideshow/slideshow1-6.aspx

图 5-1 源自:作者根据相关文字资料绘制而成

图 6-1 源自:作者根据南京市规划局门户网站历史南京专栏资料整理所得.http://www.njghj.gov.cn/ngweb/page/index.aspx

图 6-2 源自:作者根据 2007 年国务院审议通过的《综合交通网中长期发展规划》整理绘制而成

图 6-3 源自:南京市人民政府城市总体规划编制工作领导小组办公室.2009.南京市城市总体规划成果草案(2007—2030)公众意见征询稿[R]

图 6-4 至图 6-9 源自:作者根据南京统计局门户网站、南京市统计年鉴整理绘制而成

图 6-10 源自:作者根据南京市统计年鉴、《中国创意产业发展报告》整理绘制

图 6-11 源自:作者《中国创意产业发展报告(2007)》整理绘制

图 7-1 源自:作者绘制

图 7-2 源自:南京市人民政府办公厅,等.2010.南京文化创意产业报告[R/OL].(2010-08-06).http://wenku.baidu.com/view/bf17cb55f01dc281e53af0d6.html

表格来源

表2-1源自:蒋三庚,张杰,王晓红.2010.文化创意产业集群研究[M].北京:首都经济贸易大学出版社

表2-2源自:Hospers G. 2003. Creative cities in Europe:urban competitiveness in the knowledge economy[J]. Intereconomic,38(5):260-269

表2-3源自:Landry C. 2000. The Creative City:A Toolkit for Urban Innovators[M]. London:Earthscan Publications

表4-1、表4-2源自:作者根据 DCMS2008 年英国创意产业发展报告整理绘制, https://www. gov. uk/government/publications/creative-industries-economic-estimates-january-2009

表4-3、表4-4源自:作者根据相关网站资料整理绘制

表4-5源自:唐家龙.2006.2005 全球知识竞争力指数简介[R]// 天津市科学技术委员会办公室,天津市科技发展战略与政策研究中心.科技战略研究报告

表5-1源自:Florida R. 2002. The Rise of Creative Class[M]. New York:Basic

表5-2源自:屠启宇,王成至.2004.以综合创新全面提升上海国际化水平——更新理念与导入评价[J].社会科学,(1):14-22

表5-3源自:Landry C. 2000. The Creative City:A Toolkit for Urban Innovators[M]. London:Earthscan Publications

表5-4源自:上海创意产业中心. 2006. 2006 上海创意产业发展报告[M].上海:上海科学技术文献出版社

表5-5源自:Florida R,Tinagli I. 2004. Europe in the Creative Age[M/OL]. [2004-02]. http://www. creativeclass. org/acrobat/Europe_in_the_Creative_Age_2004. pdf.

表5-6源自:作者根据上海创意产业中心所主编的《上海创意产业发展报告》(2006)整理绘制

表6-1源自:作者根据南京统计局门户网站、南京市 2007 年统计年鉴、南京市 2012 年统计公报整理绘制

表6-2、表6-3源自:作者根据网络资料整理绘制

表6-4源自:作者根据南京市统计年鉴及网络相关资料整理绘制

表6-5源自:作者根据《2011 年中国城市统计年鉴》、《中国创意产业发展报告

（2011)》、《2009 中国两院院士调查报告》、2011 年各城市统计年鉴、统计公报及网络相关资料整理绘制

表 6-6 至表 6-9 源自:作者自制

表 6-10 源自:作者根据南京市政府网站及相关资料整理绘制

表 6-11 源自:作者根据《2008 年南京市文化创意产业发展年度报告》整理绘制

表 6-12 源自:王燕文.2003.新时期南京市民精神研究[M].南京:南京出版社

表 6-13 源自:作者自制

表 7-1 源自:南京政府网;张京成.2008.中国创意产业发展报告(2008)[M].北京:中国经济出版社;南京市人民政府办公厅.2007.2007 年南京市文化创意产业发展年度报告[R]

后记

本书是在我的硕士学位论文基础上修改而成的。初始顺利通过论文答辩后的喜悦尚未退去之际，又得知东南大学出版社在"城市与区域空间研究前沿丛书"的选题遴选过程中决定将其出版，对我而言，这是对我研究生三年一直坚持创意城市研究的最充分的肯定。步入工作岗位后，繁忙的工作安排使得我没有充足的时间来整理和完善该论文，而和学校丰富且较为顺畅的文献资料收集渠道相比理论资料更新的缓慢也使得我的书稿一拖再拖。在此要特别感谢东南大学出版社徐步政编审的鼓励和支持，使得我有信心和决心终于通过三年的思索与修改完成此书稿。

论文是在我的导师顾朝林教授的悉心指导下完成，从论文的选题、框架的构建到资料收集，顾老师都给予了悉心的关注和指导。在师生相处的三年多时间里，顾老师的谆谆教诲和无私关怀，我将永远铭记在心；导师教给我的不仅仅是治学的严谨、思考的方式，更多的是做人的道理和处世的态度。

其次，同样衷心感谢三年多时间中所有辛勤地传授知识予我的老师们，张京祥老师、甄峰老师、张敏老师、王红扬老师、徐建刚老师、徐逸伦老师、朱喜钢老师、曹荣林老师、黄春晓老师、葛幼松老师、姚亦峰老师、姚鑫老师、章光日老师、杨达源老师、张捷老师、刘贤滕老师、宗跃光老师等。

感谢我的同门和朋友们，他们在我毕业论文准备和写作过程中给予我各种帮助，在我思路受阻时给予我温暖的鼓励。特别是庞海峰师兄、张晓明师兄和金延杰师兄，是你们在关键时刻给了我许多有益的指导；感谢刘合林，每当论文思路受困时与你切磋探讨让我受益颇多。

感谢我的父母和爱人，感谢父母的养育之恩与无私的奉献，感谢爱人一路的细致关怀和倾心支持。你们的一切成就了我的所有，感谢你们！

感谢刚出生的女儿周佳禾，你乖巧又可爱，从来不捣乱，让我可以认真校稿，安心做好出版前的最后工作。

感谢东南大学出版社孙惠玉编辑及其他工作人员为此书出版所付出的辛劳。

汤培源

2013 年 12 月于杭州